走进大学
DISCOVER UNIVERSITY

什么是建筑？

WHAT
IS
ARCHITECTURE?

唐 建 主 编

高德宏 蔡 军 刘 湃 副主编

大连理工大学出版社
Dalian University of Technology Press

图书在版编目（CIP）数据

什么是建筑? / 唐建主编 . -- 大连：大连理工大
学出版社, 2021.9（2023.9重印）
ISBN 978-7-5685-3002-6

I. ①什… Ⅱ. ①唐… Ⅲ. ①建筑学－普及读物
Ⅳ.①TU-49

中国版本图书馆 CIP 数据核字（2021）第 074575 号

什么是建筑?　　SHENME SHI JIANZHU?

出　版　人：苏克治
责任编辑：房　磊
责任校对：张昕焱
封面设计：奇景创意

出版发行：大连理工大学出版社
　　　　　（地址：大连市软件园路 80 号，邮编：116023）
电　　话：0411-84708842（发行）
　　　　　0411-84708943（邮购）　0411-84701466（传真）
邮　　箱：dutp@dutp.cn
网　　址：http://dutp.dlut.edu.cn

印　　刷：辽宁新华印务有限公司
幅面尺寸：139mm×210mm
印　　张：6
字　　数：303 千字
版　　次：2021 年 9 月第 1 版
印　　次：2023 年 9 月第 2 次印刷
书　　号：ISBN 978-7-5685-3002-6
定　　价：39.80 元

本书如有印装质量问题，请与我社发行部联系更换。

出版者序

高考, 一年一季, 如期而至, 举国关注, 牵动万家! 这里面有莘莘学子的努力拼搏, 万千父母的望子成龙, 授业恩师的佳音静候。怎么报考, 如何选择大学和专业? 如愿, 学爱结合; 或者, 带着疑惑, 步入大学继续寻找答案。

大学由不同的学科聚合组成, 并根据各个学科研究方向的差异, 汇聚不同专业的学界英才, 具有教书育人、科学研究、服务社会、文化传承等职能。当然, 这项探索科学、挑战未知、启迪智慧的事业也期盼无数青年人的加入, 吸引着社会各界的关注。

在我国, 高中毕业生大都通过高考、双向选择, 进入大学的不同专业学习, 在校园里开阔眼界, 增长知识, 提升能力, 升华境界。而如何更好地了解大学, 认识专业, 明晰人生选择, 是一个很现实的问题。

为此, 我们在社会各界的大力支持下, 延请一批由院士领衔、在知名大学工作多年的老师, 与我们共同策划、组织编写了"走进大学"丛书。这些老师以科学的角度、专业的眼光、深入浅出的语言, 系统化、全景式地阐释和解读了不同学科的学术内涵、专业特点, 以及将来的发展方向和社会需求。希望能够以此帮助准备进入大学的同学, 让他们满怀信心地再次起航, 踏上新的、更高一级的求学之路。同时也为一向关心大学学科建设、关心高教事业发展的读者朋友搭建一个全面涉猎、深入了解的平台。

我们把"走进大学"丛书推荐给大家。

一是即将走进大学, 但在专业选择上尚存困惑的高中生朋友。如何选择大学和专业从来都是热门话题, 市场上、网络上的各种论述和信息, 有些碎片化, 有些鸡汤式, 难免流于片面, 甚至带有功利色彩, 真正专业的介绍文字尚不多见。本丛书的作者来自高校一线, 他们给出的专业画像具有权威性, 可以更好地为大家服务。

二是已经进入大学学习, 但对专业尚未形成系统认知的同学。大学的学习是从基础课开始, 逐步转入专业基础课和专业课的。在此过程中, 同学对所学专业将逐步加深认识，也可能会伴有一些疑惑甚至苦恼。目前很多大学开设了相关专业的导论课，一般需要一个学期完成，再加上面临的学业规划，例如考研、转专业、辅修某个专业等，都需要对相关专业既有宏观了解又有微观检视。本丛书便于系统地识读专业，有助于针对性更强地规划学习目标。

三是关心大学学科建设、专业发展的读者。他们也许是大学生朋友的亲朋好友，也许是由于某种原因错过心仪大学或者喜爱专业的中老年人。本丛书文风简朴，语言通俗，必将是大家系统了解大学各专业的一个好的选择。

坚持正确的出版导向，多出好的作品，尊重、引导和帮助读者是出版者义不容辞的责任。大连理工大学出版社在做好相关出版服务的基础上，努力拉近高校学者与读者间的距离，尤其在服务一流大学建设的征程中，我们深刻地认识到，大学出版社一定要组织优秀的作者队伍，用心打造培根铸魂、启智增慧的精品出版物，倾尽心力，服务青年学子，服务社会。

"走进大学"丛书是一次大胆的尝试，也是一个有意义的起点。我们将不断努力，砥砺前行，为美好的明天真挚地付出。希望得到读者朋友的理解和支持。

谢谢大家！

2021 年春于大连

序 言

新中国成立多少年，我学习建筑、从事建筑业就有多少岁月。我热爱它，从某种意义上说它是我的灵魂，它是我的生命。

在上大学一年级的时候，看到高年级的学长们画的表现图，我很羡慕，绘画是我幼时的爱好。很幸运在大学几年中，得到杨廷宝、童寯、刘敦桢等老师的直接教导。毕业后三年多，跟随刘敦桢老师画了许多中西古建筑样式，协助杨廷宝老师教授设计初步课程，使我感受到古典建筑细部的比例关系；后来去北京都市规划委员会学习城市规划，用了一年半时间调查城市现状，又参与了半年的中小城市设计和小区规划设计，这使我得到了整体的训练。

一步步地走，碰到了不少困难和困惑。每前进一步，既要稳步大胆，又要求真务实，不时会有一些迷茫。我把学习建筑的心得归纳为：

做学始终。俗话说做到老学到老。做学始终不仅是指一生，也包括做某件事情。一些事即使是半途而废也要想想，问个为什么。人的一生在校读书的时间约占 1/6，而 5/6 的时间要在实践中学习，特别是在今天知识大爆炸的时代，学习好才能把工作做好。学习可以提高工作能力，提高水平。向群众学习，向同辈学习，向书本学习。做学始终不是一件容易的事，在这个过程中要努力提高自己的学习志趣，使之成为生命不可缺少的部分。

能者为师。知识是全社会智慧发掘的总和。社会有各行各业，从横向看是千百万家的知识和学问，从纵向看是历史的代代传承，包含政治、文化和科技等各个方面。知识如海洋，汇集在人们的脑海中、血液里。掌握知识的水平有高有低，有多有少，有重要有不重要，均是沧海中的一粟。我们绝不能妄自菲薄，也不能狂妄自大，要以一种平等、平和的态度去学习，各方面都有大学问家，平和的心态才能上下而求索。

善于积累。人生短暂，所能做的事有限。学习方法很重要，要做到事半功倍，就要注重积累和总结。我十分关注收集资料，重要的资料我总是抄下来，一张张地、一日日地、一年年地，在收集资料的过程中也练习了钢笔画。出差时，不论到国内国外我都会画画，这批画就变成了一本本《画日记》。看书也是这样，将最敏感、最有启发的文字用短句记下，然后将这些观点联系、提炼、发挥，就会生成一篇不只是心得而是有血有肉的文章。

认真学习。勤奋学习是学习的根本。爱因斯坦说过："在天才和勤奋两者之间，我毫不迟疑地选择勤奋。"勤奋是一切事业成功的催生剂。学习不只是实践，还要总结归纳，更重要的是要读书。学建筑要读千卷书行万里路，要勤奋、刻苦、拼搏。读书要读成自己的书，要认识，要理解，通读、精读有所选择，一本本地、天长日久地积累，你就会成为一个智者，反过来再在实践中运用。读书学习的目的是做好本职工作，为大众服务。

自我启迪。人的智慧和智商是有差异的，这种差异并不阻碍我们取得好的学习成绩和大的进步。学历是个过程——学习的过程，但我们不能唯学历论，因为也有跨越学历自学成才的人。每个人都不要自暴自弃，要珍惜自己的认识、智慧、情感，这种珍惜是不放过自己思维中的闪光、灵感和能力。无数的创造和发明都是以自己的实践和拼搏、刻苦和勤奋为前提的。不论事大事小，只要有一颗为人民服务的心，你的成就就能推动国家总的进步，这是人生的价值，会受到尊敬。

希望大家心地坦然，心态平衡，要宽容宽厚，平衡上升，要增强自信，共同前进。

中国科学院院士
东南大学建筑研究所所长、教授
2021 年 5 月 12 日

目 录

建筑篇

塔 / 大雁塔与小雁塔 / 应县木塔 / 佛光寺东大殿 / 独乐寺观音阁 / 晋祠圣母殿 / 园林建筑 / 避暑山庄 / 私家园林 / 拙政园 / 山西民居 / 客家民居 / 古城与传统村落 / 平遥古城 / 本土建筑意识的觉醒与发展 / 西方折中主义的影响 / 现代建筑的尝试 / 梁思成 / 杨廷宝 / 童寯

第六章 建筑师在建筑发展中的作用 / 38

伊克蒂诺 / 维特鲁威 / 伯鲁乃列斯基 / 伯拉孟特 / 米开朗琪罗 / 古典主义 / 勒诺特 / 于 · 阿 · 孟莎 / 辛克尔 / 奥托 · 瓦格纳 / 高迪 / 格罗皮乌斯 / 密斯 · 凡 · 德 · 罗 / 柯布西耶 / 赖特 / 路易斯 · 康 / 汉斯 · 夏隆 / 阿尔瓦罗 · 西扎 / 伦佐 · 皮亚诺 / 理查德 · 罗杰斯 / 弗兰克 · 盖里 / 雷姆 · 库哈斯 / 扎哈 · 哈迪德 / 丹尼尔 · 里伯斯金 / 沃尔夫冈 · 巴特雷斯 / 让 · 努维尔 / 蓝天组 / 屈米 / 盖 · 奥伦蒂 / 丹下健三 / 矶崎新 / 隈研吾 / 尼迈耶 / 普利兹克奖

第七章 建筑学习的构成 / 51

基础与初步 / 建筑概论 / 建筑认知 / 建筑设计初步 / 建筑构成训练 / 公共建筑设计 / 小型建筑空间与环境 / 空间模式与功能体系组织 / 空间的文化属性 / 多功能空间体系 / 高层建筑设计 / 大型公共建筑设计 / 功能性与技术性 / 居住单元设计 / 居住建筑设计 / 住区规划 / 城市设计 / 城市新区与产业园区 / 旧城更新 / 古城保护与历史街区 / 公共建筑设计原理 / 居住建筑设计原理 / 建筑设计方法论 / 建筑历史与理论 / 建筑建造技术 / 城市社会学 / 建筑环境行为学 / 建筑美学 / 建筑设备工程系统 / 建筑智能化 / 建筑心理学

第八章 建筑设计技能与方法 / 61

描摹与分析 / 建筑写生 / 案例描摹 / 案例分析 / 城市环境体验 / 建筑与建成环境的切入与引领 / 测绘与绘制 / 历史建筑测绘 / 建筑制图方法 / 平面图 / 剖面图 / 室内空间 / 立面与形体 / 建筑外部空间 / 比例与尺度 / 材料与色彩 / 结构体系 / 结构基础 / 建造材料 / 室内装饰材料 / 外墙材料 / 屋顶结构与材料 / 计算机辅助设计 / 基础绘图 / 模型建造 / 建筑物理环境 / 施工体系 / 静态表现与动态表现 / 虚拟现实技术 / 建筑制图规范 / 节点详图 / 平立剖制图 / 分析图 / 效果图

第九章 建筑职业构成 / 73

以创意为主导的先锋设计 / 以地域乡土为主导的建构设计 / 国有大型设计机构 / 民营大型设计机构 / 著名建筑师工作室 / 小型专项设计机构 / 大型专项设计机构 / 房地产专项设计机构 / 商业专项开发机构 / 以社会服务为主导的城市开发机构 / 城市规划与城市管理机构 / 城市规划设计机构 / 海外工程 / 工程总承包的一体化 / 总部研究院 / 总部设计管理 / 项目设计管理 / 施工管理 / 历史风貌建筑设计 / 教育与研究 / 建筑院校

园林篇

建筑篇

建筑是人类栖居的空间载体

第一章

建筑概说

建筑是用结构表达思想的科学艺术。

——弗兰克·劳埃德·赖特

■ "建筑"的定义

"建筑"一词在语义上有多重定义：其一是指实体的建筑物，区别于没有内部使用空间的构筑物，如桥梁、铁塔等，也就是俗称的房子；其二是指人的建造动作，"建"字的意义从历史上可看作对木材等材料的搭建，"筑"字的意义，指用板材做模板的夯土浇筑，或指砖石等块状材料的砌筑。在建筑学语境里的建筑，指的是人类以功能使用为目的、有计划地进行空间建造的社会活动及其建造的成果。同时，建筑也指学习研究，从事建筑活动的专业、职业，也包含这一范畴的思维与工作。

晋祠圣母殿的歇山屋顶

■ 建筑问题的构成

建筑的问题由在何处、用何种材料、以何种空间类型及何种构造形式来完成人对建筑物的空间和形体需求构成。建筑专业人员在对已有人类建成环境充分了解的基础上，从个人对社会的观察调研出发，形成构建人类使用空间的知识体系和创作能力，并同社会需求同步，结合工程技术与管理等外围范畴，完成建筑生产最初与最终的计划与成果。建筑问题包括策划构思、设计、沟通、建造、装饰、环境、技术、使用等一系列过程，也包括建筑与城市、自然环境和其他建筑的空间关系，还有建筑与历史、文化、社会、意识等的思想关系。

广州塔

■ 建筑的任务与责任

建筑专业的任务，是在人类工程建造的初始设计阶段，即开始考虑满足环境、成本、类型、工程、材料和功能安排等问题的统一作用，以一个整体方案来对建造活动进行分析、设计、展示和信息反馈。建筑的广阔性对建筑从业人员的综合能力以及创作能力、协调能力是一种考验。建筑专业是建造行为的龙头专业，是后续环节的集中反映。建筑专业设计工作是初级的，也是全面的、定向的、具有无限可能的。决策会影响后续的技术应用与价值产生。建筑学也对城市与建筑的使用效果负有责任。

注：本篇所有图片均由高德宏提供。

哈尔滨大剧院室内

建筑的性质与特点 ■

建筑学是针对人类建造活动所需要的计划、设计、环境、建筑等多要素之间的相对关系所建立的一个学科体系。不同于土木工程类学科的严密性，建筑学的目的性和解决方式是不确定的，价值评定也是多角度的。建筑学对人们以何种形式进行建造，建造的目的和过程，如何满足人的使用需求、精神需求、活动需求进行专门的研究工作。建筑学学习的范畴兼具社会属性、人文属性、艺术属性以及工程属性，相对于基础科学的研究发现和技术学科的发明探索，建筑学科更注重调查分析，创造性地解决人以何种空间形式进行个体与社会生活的问题。

西班牙巴塞罗那新港的鱼形雕塑

建筑的来源与发展 ■

建筑专业的发展源头，在西方是由古希腊、古罗马时期建造技术人员对建造全过程、全专业的总结所确立的专业体系，是包含上文所有专业技术工作的。在建筑的发展过程中，随着社会分工与大生产的展开，人们在近代时期将结构、雕刻、装饰等专业化，剥离出建筑的范畴。19世纪时，相关知识逐渐形成了今天所定义的建筑学专业。到现在，建筑已发展为一门综合性学科，需要建筑从业人员进行多方面的学习和应用。

呼和浩特清水河县明代军事寨堡

建筑的核心问题 ■

建筑专业从统一的建造行为中脱离开来，将负责建筑结构体系安全可行性的结构工程以及负责建筑技术设备和材料的建筑环境等工作逐渐专业化，并使建筑所处的整个城市的城乡规划工作、打造建筑及周边理想化自然环境的风景园林工作也逐渐形成各自的研究对象与工作范畴，其所保留的对建筑群体和单体的布局谋篇、整体设计工作计划、应用反馈以及建筑文化的延续发展，形成了建筑专业的核心问题。

蒙古包

第二章

建筑的范畴

建筑是研究如何浪费空间的艺术。建筑始于工程完结之时。

——约翰·拉斯金

■ 建筑篇

佛宫寺释迦塔(俗称应县木塔)

上海世博会中国国家馆

建筑大类的构成■

建筑作为一个大类专业，至今仍包含建筑学专业、城乡规划专业和风景园林专业三个方向，三者之间存在具有共同基础知识与技能方法的平台。在未来的工作中，三者也会交叉影响，共同构建一个理想的人类聚居环境。在大学专业群体设置中，室内设计、公共艺术、环境设计、展示设计等，以及艺术设计、平面与视觉传达设计、工业设计等，仍在很大程度上与建筑学专业相互依存，共同存在于一个学科群体内。它们相互之间的工作方法和视觉焦点相似，信息互渗，共同构建，这种特点存在于学习期间的多个时段与工作环节中。

建筑学■

建筑学专业是结合建筑历史、建筑思潮、建筑材料与设备、建筑结构、建筑物理环境与心理环境、功能与行为管理等内容的学科。建筑学的学习需要针对建筑设计这一成果对象，让学生进行高密度的训练，使他们能够在学习期间掌握建筑设计的基本知识体系与技能体系，能够对从简单到复杂的建筑类型以及建筑群体、城市的特定区域进行全方位的工作，并能形成可以进行汇报展示的成果。建筑学问题构成包括城市及自然环境、生活及生产活动空间载体、建筑计划创造以及运行更新乃至建筑的拆除再生等，涵盖建筑的全时间周期。

城乡规划■

城乡规划是研究城市的合理布局、城市各项工程建设的综合部署、城市未来空间发展以及城市管理的重要综合性工作，需要通盘考虑城市规划、城市建设和城市运行各阶段所产生的问题。城乡规划理论基础包括城市发展的规律、城市空间组织、城市土地使用、城市环境关系等方面，也包括如何处理城乡规划的本质内容，如何认识城市及其空间，如何组织、依据何种思想规划和建设城乡环境。城乡的复杂系统特性决定了城乡规划是一个需要随着城乡发展与运行状况而进行长期调整、不断修订、持续改进和完善的连续决策过程。

早期现代化系统城市框架图

■风景园林

风景园林是一门既古老又年轻的学科。作为人类文明的重要载体，园林、风景与景观已持续存在了数千年；作为一门现代学科，风景园林学则可追溯至19世纪末20世纪初，它是在古典造园和风景造园的基础上通过科学革命的方式建立起来的新学科。

法国凡尔赛宫园林区

■建筑与城乡环境的关系

建筑与城乡环境具有密切的联系。建筑不是孤立存在于自然环境中的，建筑的设计与建筑依存于建筑群、街道和城乡环境，即使是在低高度、近自然的环境中，对建筑要素问题的思考也不能仅从建筑自身出发。建筑来源于环境，协调于环境，也需要提高现有环境的质量与内涵。建筑专业的学生在学习的过程中，应了解城乡规划体系和详细规划对建筑的要求与制约，思考自然环境要素对建筑的影响，并在此基础上积极利用制约条件，满足并超出基本的要求与限制。建筑需要创造性地解决建筑的形体、空间形象和在环境中的姿态问题，带动城乡环境向更优的方向递进演化。

西班牙隆达古城

■建筑自身领域的内部构成

在建筑自身领域中，学生需要掌握对空间的认知与空间思维方式，学习将空间感受与构想以图解和模型的方式进行构思、推敲与展现，学习各种类型建筑设计的基本形态与方法，学习各类型建筑自身的特性与构成要素。与这些设计方法与技能同步的是建筑设计的理论与原理，历史与思潮流派以及相关结构、技术、物理、设备等诸类配套知识。各相关技术知识的体现，也是以综合性建筑设计为载体和平台的。最终的建筑成果，既须考虑上述专业问题的各自特性，又要对其进行取舍协调，使其服务于建筑。

贝聿铭设计改建后的卢浮宫

■ 建筑篇

某建筑的外表皮建构

建筑与相关专业的关系■

与建筑学最近的学科是城乡规划学和风景园林学，它们同属建筑大类学科；其次是其他设计类学科，如环境艺术设计、工业设计和平面设计；再次是建筑下游专业，如工民建专业、建筑电气类专业、给排水专业以及建筑智能化等；与建筑环境相关联的专业还有物理（声光电）和城市环境类专业（环保类）。近年来，随着城市建设要求的提高以及建筑学的发展细化，部分院校开始开设历史建筑保护和城市设计等专业，旨在针对具体设计领域加强学生培养。

建筑的工作周期■

在学校期间的学习除了建筑方案设计阶段的培养与训练，还包括在高年级增加建筑施工图绘制方面的学习与实习。在实际建筑设计中，设计周期也是分方案设计和施工图设计这两个阶段的，只不过全周期建筑工作往往会前移到具体建设工程选址、拟题、立项、规划、策划与经济测算等层面。在方案设计阶段也会分概念性、可行性方案，草案，沟通和汇报，形成规划文件的方案阶段以及从方案到工程具体技术细节落实细化的方案深化阶段。建筑设计过程中的初步设计会汇集建筑设计各个专业工种对建设方案的支持与要求，在空间与尺寸上进一步明确细化，进而全部落实多种技术要求，最后才是供施工使用的施工图绘制。施工图需要与施工单位进行详细交接，在施工过程中仍需针对现场情况与材料、配件等的具体变化提供现场服务，并在室内设计和场地环境设计上或提供具体要求，或直接进行设计。

建筑学的研究对象■

建筑学的研究对象涵盖城乡建筑所涉及的各个层面，渗透在建筑与人类活动空间之间的多个范畴与建筑设计过程中，工作对象因社会发展要求的变化而变化，其工作内容不是由建筑学范畴提供的，而是由为社会生活服务的各个行业根据自身发展变化提供的。换句话说，建筑专业为社会上各个行业的发展提供其生产、生活空间的具体化、建筑化服务。这种属性一方面要求学生能够有知识储备以应对不同专业的生活需求，另一方面要求学生对各行业的发展动态具有方向性的掌握，这样才能更好地服务于社会行业的发展。同时，建筑专业学生也应对整体的建设行业有客观的思考与评判，因为建筑的长周期使用特性可能使建筑的寿命长于建设的具体需求，进而变成城市环境中最重要的空间载体。

■建筑与城市空间节点策划

建筑一方面营造具体的使用空间，另一方面和历史上形成的建筑遗产一起构成有机更新的城市环境。每一座城市、每一条街道，乃至每一处建筑的各个角落，都会在历史中随着使用者与使用目的的变迁而不断变换面目，并留存在城市记忆图景中。在建筑的设计阶段就应该考虑到建筑使用目的之外的形态、身份以及以何种姿态出现在城市中等问题。一座建筑物不仅能反映使用者的个人建造行为，还是一种空间上的公共产品，可以影响城市的天际线街景，影响市民的行为、观感，影响来访者的体验，影响整个城市的外在形象与文化身份。

法国尼斯城市中心广场

■建筑概念方案

建筑在城市中的可能性接近于无限，它从形体、方向、色彩、高度到具体的立面细节、门窗、装饰、材料以及从顶到底的每一处处理，都是各种选择项目的叠加。每一个设计者都可以提出自己的方案，并能满足建设需求。面对这种多样可能性，建筑师在设计的初始阶段需要过滤掉一些细节信息，先在宏观整体上对建筑的形体、布局和主要功能安排等要素进行初步、概括的计划安排。在建筑的这一概念方案阶段可能会形成多个优选备案。决定建筑方案发展的要素非常多，单一设计构想不可能满足所有要求，所以在概念阶段的判断与取舍，是决定设计方案能否成立的根本所在。

某概念方案草图

■建筑方案设计

在概念设计经历内部设计者和外部使用者及管理者的判断并确立发展方向后，建筑师会进行细致、全面的方案设计工作。通常而言，建筑师会从平面入手来确立平面的网格和尺寸，细化多功能区域所处的具体位置和面积，协调多楼层之间的结构、交通、管井的对流，明确建筑的外部形体边界，进行立面设计与景观设计。这一过程中会存在许多矛盾之处。建筑师在建筑设计过程中除了要提出构想与设计之外，更多的还要在矛盾之间进行协调与取舍，并尽可能地在一个体系中整合构思与矛盾，进而形成完整的方案。

某建筑方案设计模型的形体和空间关系

建筑施工图设计■

建筑方案设计的对象是建筑的使用者和城市的建筑管理者。设计方案还要为后续建设的各方面要素搭建一个整体框架，距离实际建设还有大量的技术工作。在施工图阶段，设计者除了需要对专业自身进行细化，包括尺寸、材料、构造、做法及用材明细外，还需对建筑结构、设备和生态环境等诸多要素进行安排、布置和协调，使各技术专业能够以完成方案为核心，各自进行施工图设计。建筑图纸既是其他专业展开工作的起点，也是其他技术专业图纸的最终汇总。各类技术难点都需要专业协同来改进技术措施，延续方案或更改方案，以使建筑设计更易实施。

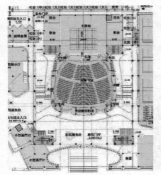

某大型建筑方案平面施工图

建筑室内环境设计■

对于已经确立的室内空间，仍需专门组织室内设计工作，以对室内的具体做法、家具与装饰和一些特殊细节等进行再设计。虽然建筑师主张室内、室外一体化，但在实际需求中，业主对于建筑内部各个功能模块的特色都有自身的考虑，这种情况在商业与居住建筑中尤为明显。室内的光环境营造也不同于室外空间，在展览、文化、观演、商业和娱乐建筑中，室内设计会特意打造有吸引力的人造光环境。室内空间的软装饰与布置还会衍生出展示设计等新的细分专业领域。

佛罗伦萨某教堂内景

建筑室外环境设计■

建筑设计的室外环境范畴一般称为景观设计，它对建筑用地范围内除建筑主体之外的场地环境进行保留性设计，包括地面铺装、造景、景观小品、绿化配置和室外光环境等层面。在建筑设计阶段，建筑师一般会对外环境进行有目的的构想与控制。对建筑外环境进行设计时还需考虑规划法规和消防救援等要素。在满足上述条件的前提下，景观设计仍然具有很大的发挥余地。它作为建筑整体外部形象的重要构成部分，对建筑形象的展示起到重要的衬托作用，甚至能够改变较为单调的建筑观感。

华盛顿越战纪念碑园区

第三章

学习建筑的理由

只要梦想到的土地，无论其有多远，每个人都能成为他自己的建筑师。

——罗伯特·勃朗宁

丽江水城的临街商业设施

历史悠久的职业■

建筑师是伴随人类文明发展而产生的最悠久的职业之一。在原始社会，人类开始挖穴进行遮风避雨的房屋建构活动时，建筑这一行业就已经产生了。建筑活动不单纯依赖技术的进步，无论是何种建设条件、何种场地和材料，都可以进行。建筑的技能性在某种程度上大于建筑的技术性：人们既可以因陋就简，使用原始材料和人力搭建建筑，又可以依靠机械化和智能化手段来进行建筑活动。人在建筑中的行为既依赖建筑，又具有一定的宽容性与适应性，这也使得同一建筑师在面对不同建造项目时，需要变换思维维度，多语境地进行思考。

人类文明的物质体现■

大连中山广场周边建筑

建筑物可以说是人类所创造的最大型、最永固的空间载体，也是遍布人类聚落的物质载体。不论是乡野村庄还是繁华都市，或者是历史上遗留下来的物质遗产，甚至是野外的露营房车和军事构筑，都可以看作建筑的体现。大到一种文明、一个国家或一个城市，小到具体的一所学校或一个家庭，人们对其从外认知的最整体和最初步印象，都是由建筑构成的。即使是那些已然消失泯灭的文明，我们虽不知其详情，但仍然能感受到其通过建筑遗存所反映的存在。

不同社会生产时期的建筑视角■

镇江甘露寺

建筑专业的工作视角在不同社会生产时期的体现方式有所不同。它可延伸到其他物质与精神生产中，如文学、绘画在描摹人文行为和场景情节时，都会构建一个虚拟的建筑体系。电影、游戏也常以建筑环境和形象来进行展现，这也是建筑专业的一个工作范畴。人类的交通工具也可以被看作一种移动建筑，其移动性虽然由工程机械执行，但与人类尺度相关的空间及外部形象却都需要依靠建筑的基础与具体的工作来完成。大型游轮实质上就是一种可移动的宾馆，设计者在其上附加多种游乐设施后，就可构成一个建筑综合体。太空时代的飞船与空间站也可看作一种建筑的体现。

■工业化时代的城市建造

在工业化时代，城市人口的增加带来了聚居问题。城市中生产、商业、文化和教育等需求与居住空间的矛盾、高密度聚集所产生的城市交通以及人与自然环境互动关联性下降等问题，都对现代建筑学科的发展产生了促动作用。城市的功能分区、交通分流与立体化、城市规划法规与建筑设计规范都是由大规模的城市化促动产生的。

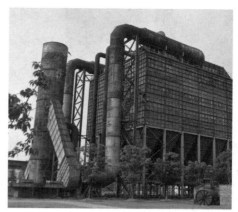

上海宝山区工业遗址所改建的景观公园

■信息化时代的建筑

在信息化时代，建筑物的服务内容多样化、立体化，建筑规模也迅速扩大。对建筑功能的多样复合性要求产生了城市综合体和交通综合体类建筑。我们在机场就可以看到，一座建筑的规模可高达百万平方米，内含交通、商业服务、技术支撑甚至是文化博览、会展和游乐等功能，都被集合到一个建筑节点之中。信息化和智能化对建筑专业提出了新的要求，它必须适应新的生产和生活需求。当然，计算机技术也为建筑设计提供了新的技术手段和检验手段，同时改变了建筑师的工作模式与交流模式。

里斯本的中央车站

■永不过时的社会职业

只要人类尚存，建筑学专业为人类构建使用空间的活动就不会停歇。一方面，文化与技术的进步会产生新的建筑类型与要求，同时城市化进程还有相当长的时间，人们对建筑规模、标准和质量的要求也在不断提高，会产生大量的新建筑设计需求；另一方面，城乡既有建筑不会像其他工业产品一样快速更新换代，而是需要不断调整、修缮和更新。即使建筑的原有功能要求消失，如工业厂房，人们也已开始考虑将其作为城市遗产予以保留，从而赋予其新的文化功能。

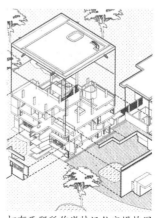

柯布西耶所作肖特汉住宅爆炸图

建筑师与工匠的分离 ■

古希腊、古罗马时期就有"建筑师"这一职业，但他们的工作范围比今天意义上的"建筑"要宽泛很多，他们也并不是现代意义上的建筑师。在中世纪初，独立职业的建筑师同样不存在，那些宏伟的大教堂、修道院及军事堡垒是由建造工匠的代表和总负责人，即"大匠"来负责设计、建造的。中世纪后期，较为专业的建筑师出现了，他们既有石匠和泥瓦匠的经验，又具备熟练的几何和绘图知识。文艺复兴时期，艺术家身份的建筑师开始出现，以达·芬奇和米开朗琪罗等为代表的建筑师区别于工匠，将艺术与技术完美结合，使建筑成为与绘画、雕塑并列的艺术门类。

中国传统木构建筑构件——斗拱安装现场

建筑师与工程师的分离 ■

工业革命的发展、新结构技术和材料以及更复杂的设备系统和新颖装饰方法的出现，使得设计实践更侧重于施工所需要的一系列专门化图纸，这一点改变了设计的性质。建筑师职责的较大分离现象是工程师的出现。彼时，随着摩天大楼和大跨度展馆等新建筑的出现，传统结构经验逐渐被严谨的计算和实验所取代，建筑师依靠建筑学知识和经验组织设计，工程师则通过工程、材料和力学知识设计结构，进而形成了现有的职业分工。

某历史建筑改建过程模型

建设行业的龙头专业 ■

在建筑设计公司，项目的呈现需要多种专业的相互配合，如建筑、结构、给排水、暖通、电气和造价等。各专业分别设计各自类别的系统，来满足建筑投入使用后的正常运行需求。建筑学常被称为建设行业的龙头专业，因为其工作内容不仅包含建筑从无到有的过程策划和设计，还需要协调各专业设计内容在建筑空间中的合理位置，在这个过程中建筑师要不断解决多方矛盾，梳理秩序。

东京都厅舍及周边城市环境

■艺术创作的重要途径

建筑是人类生活的重要组成部分，同时建筑艺术也是一个特殊的艺术门派。人们对建筑的要求不会停留在最基本的物理层面上，毕竟建筑因其所呈现的艺术属性已成为人类文明的重要载体，具有反映社会生活、精神面貌和经济基础的特殊功能。古今中外，建筑艺术呈现出丰富的多样性，如中国古代大屋顶建筑的恢宏、欧洲中古教堂的哥特式风貌和现代摩天大楼的壮观等。

马德里欧洲之门

■建筑空间的艺术性

建筑是空间的艺术。作为一种艺术形式，建筑遵循美学原则。建筑的空间艺术性体现在造型、风格、建构和环境等多个方面。建筑不是一个单一的个体，而是一个蕴含着物理和人文等多重属性的复杂的整体，多者共同作用，形成了建筑空间的艺术之美。

哈尔滨某木结构东正教堂

■城市建筑艺术

城市建筑艺术是人们对城市的空间布局、建筑群体以及城市自然景观和人文景观所做的艺术处理，是城市美在艺术形象上的反映。城市建筑艺术自古以来都是作为一种社会意识形态来反映各个时代的社会生活的。不同地区的建筑艺术在城市景观中都占有重要地位，一般体现于两类景观中：一类是城内外大片绿地、河湖水面或丘陵所形成的自然景观；另一类是城市景观，是通过城市中成片街区和小街小巷所体现出来的最富生活气息的城市艺术面貌。

拉斯维加斯的威尼斯人酒店

■ 建筑篇

米兰世博会英国馆具有声光电多重建筑设计

多媒体 ■

　　建筑多媒体技术是一种新兴的媒体表现技术，它把设计方案的文稿、图纸、动画、解说以及背景音乐等内容通过计算机进行综合处理和集成，形成一种既可顺序播放也可交互操作的复合媒体。它具有信息传播效率高、受场地条件影响少等优势，这使得越来越多的建筑师倾向于使用这种媒体形式来进行群体方案交流。

建筑与艺术的共同创造 ■

青海乐都瞿昙寺回廊壁画

　　壁画是墙壁上的艺术，是人们直接画在墙面上的画，是建筑与艺术的结合之作。作为建筑物的附属部分，壁画的装饰和美化功能使它成为环境艺术中的一个重要方面。壁画为人类历史上最早的绘画形式之一，原始社会的人类在洞壁上刻画各种图形以记事表情，这便是流传最早的壁画。至今，中国、埃及、印度等文明古国都保存了不少古代壁画。在意大利文艺复兴时期，壁画的创作也十分繁荣，出现了许多著名作品。

雕塑 ■

　　雕塑的产生和发展与人类的生产活动紧密相关，同时受到各个时代宗教和哲学等思想的直接影响。雕塑是景观和建筑设计中不可或缺的重要环节，它既可独立存在，又可完全融入建筑的整体设计并与之相得益彰，实现视觉感受和空间关系上的美妙平衡。

开封山陕会馆砖雕与贝聿铭设计的东馆室内雕塑

第四章

学习建筑的准备

当我解决了这个问题却发现方法并不完美的时候，我知道，这种解决方法是不对的。

——富勒

某教堂室内管风琴与室内环境关系，说明声音
也是建筑的组成部分

对空间环境的认知与分析■

对空间环境的认知是指针对环境提取"可视"单元及其秩序，秩序的形成源于自然和社会两方面因素。认知的过程是先在环境中确立视觉要素标志——单元，再找出不同单元在空间中的分布组织和构成秩序。分析指通过照片、图纸与现场情况，对空间与环境中的单元和秩序进行梳理，对单元的大小、尺度、材质、色彩和用途等以及秩序的结构、组合方式、美学和功能等进行定性与定量描述，进而做出综合评价。

建筑环境作为生活和行为的载体与环境行为学■

莫里欧设计的博物馆

建筑环境是生活和行为的载体，了解生活才能设计生活，才能最终设计建筑。建筑与行为之间是相互作用、相互影响的：行为塑造建筑功能与空间，同时建筑也在影响人们的行为。对建筑与行为之间的关系进行研究的学科被称为环境行为学或者建筑心理学。

具体而言，环境行为学研究人的行为与人所处的物质、社会、文化环境之间的交互影响关系。它注重环境与人的外在行为之间的关系与相互作用，是城市规划与设计、建筑学、场地规划与设计等学科的基础理论。

一屋到天下与场地认知■

深圳湾体育中心用参数化设计形
成遮阳性空间

空间以人为中心才有意义。因此，我们在研究空间时，必然要考虑到人的尺度、人与建筑之间的关系以及人的空间依赖性等。根据居住与生活的行为尺度排列，空间从小到大可以归纳为个人空间、家庭居住空间、住区、社区、城区、城市和城市群。

场地认知是一个通过多学科角度观察和分析土地空间景象及其变化并对此进行表达的过程。场地泛指建筑外部环境中所包括的一切要素、要素组合及其所形成的空间，包括但不限于植物景观、设施景观和各种空间组合等。

■家庭居住空间与具身认知

一个住宅单元通常是一个家庭居住和生活的空间载体，而起居室则是家庭中最主要的空间之一，也是集中体现家庭物质生活水平与精神风貌的个性空间。

身体是建筑体验的主体，我们对身体可进行包含哲学、现象学、人类学和人体工程学等多种不同角度的探讨。具身认知一方面要认识人体尺度，另一方面还需要将人体尺度转换成建筑设计的尺寸。

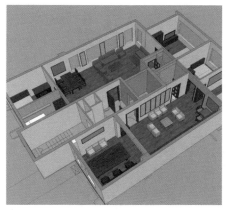

某住宅设计方案

■住宅

住宅包括独栋住宅和集合住宅，其中集合住宅是指将多户居住空间整合到一栋建筑物内的建筑形式。除居住空间外，设计住宅时还要考虑电梯和管井设备等技术体系和结构体系以及外部立面等内容。设计现代建筑时还应在绿色节能和人文关怀层面进行考虑，对不同地域的人群的生活习性进行适应性设计。

巴黎法兰西大道住宅区的建筑形体丰富，用色大胆

■住区

住区是居民在城市中群集聚居所形成的规模不等的居住地段，有一定的人口和用地规模，并集中布置居住建筑、公共建筑、绿地、道路及其他各种工程设施，是被城市街道或自然界限所包围的相对独立的区域。

美国西海岸圣地亚哥滨水区域，仓库、码头和住宅建筑相结合

社区与城区■

社区是若干社会群体或社会组织聚集在某一地域里所形成的生活上相互关联的大集体，是社会有机体最基本的内容，是宏观社会的缩影。普遍认为一个社区应该包括一定数量的人口、一定范围的地域、一定规模的设施、一定特征的文化及一定类型的组织。社区就是这样一个"聚居在一定地域范围内的人们所组成的社会生活共同体"。

城区是指市辖区或不设区的市的实际建设区域，区别于行政区域。城区的人口、机构、经济和文化高度集中，与"郊区"相对。

西班牙故都托莱多

城市■

城市也叫城市聚落，一般包括住宅区、工业区和商业区，并且具备行政管辖功能。城市的行政管辖功能可能会涉及较其本身更广泛的区域，其中有居民区、街道、医院、学校、公共绿地、写字楼、商业卖场、广场和公园等设施。

巴黎市中心鸟瞰，可见多条林荫大道和城市轴线

城市认知■

可以通过百度地图与实地考察，在城市的规划设计、城市设计和建筑设计三个层级上细分出城市、街区、街道、场地和建筑五个单元，以地图结合照片资料的形式进行城市形态秩序认知与体验，还可以用拷贝纸将实景照片抽象成各种线条图并做出实体模型，对城市的单元和秩序进行梳理。

低年级课程作业：对城市形态的描摹

第五章
建筑的起源与发展

建筑是"石头的史书"。人类没有任何一种重要的思想不被建筑艺术写在石头上……

——维克多·雨果

■ 建筑篇

梵蒂冈圣彼得大教堂门前的雕塑尺度宏伟，与建筑相协调

世界建筑史 ■

建筑史是指建筑物的历史或对建筑历史的研究，即对建筑物的既往或建筑活动的过往进行调查，主要学习建筑学的演变和历史。世界建筑史的研究对象主要是欧洲、中东、远东、玛雅和印度等地的建筑历史。与现代建筑的产生和发展关联度较高的是西方古代建筑史。当前，由于全球地域文化的兴起，其他区域的建筑也正日益受到重视。

古希腊建筑 ■

宙斯神庙，科林斯柱式的典范

古希腊建筑开欧洲建筑之先河。古希腊建筑时期主要划分为古风时期、古典时期及希腊化时期。古希腊建筑通过它自身的尺度感、体量感、材质感、造型、色彩以及建筑自身所载的绘画及雕刻艺术给人以强烈的震撼。其梁柱结构、建筑构件的特定组合方式及艺术修饰手法，对欧洲建筑的深远影响长达两千年之久。

古罗马建筑 ■

罗马大斗兽场

古罗马建筑是古罗马人沿袭亚平宁半岛上伊特鲁里亚人的建筑技术（主要是拱券技术），继承古希腊建筑的成就，在建筑形制、技术和艺术方面广泛创新的一种建筑风格。古罗马建筑一般以厚实的砖石墙、半圆形拱券、逐层挑出的门框装饰和交叉拱顶结构为主要特点。

■拜占庭与罗马风建筑

拜占庭建筑是在继承古罗马建筑文化的基础上发展而来的，同时融合了阿拉伯、伊斯兰和两河流域等文化，形成独特的拜占庭风格。

罗马风建筑虽然规模远不及古罗马建筑，设计施工也较为粗糙，但在形式上却略有古罗马建筑的风格，建筑材料也大多来自古罗马废墟，建筑艺术上则继承了古罗马的半圆形拱券结构。

伊斯坦布尔的圣索菲亚大教堂是拜占庭建筑的代表

■哥特建筑

哥特原为参与覆灭古罗马帝国的一个日耳曼民族。文艺复兴时期的欧洲人，因厌恶中世纪的黑暗而用具有"粗俗、野蛮"之意的"哥特"称呼中世纪建筑。习惯上，将与中世纪"空灵、纤瘦、高耸、尖峭"建筑风格一致的建筑，均称为"哥特式建筑"。它们大多是教堂建筑，如法国的巴黎圣母院、意大利的米兰大教堂和德国的科隆大教堂都是哥特式建筑的代表。

布拉格哥特式建筑的尖塔形成的天际线

■文艺复兴建筑与巴洛克建筑

文艺复兴建筑是文艺复兴时期的典型建筑风格，它摆脱了中世纪罗马风与哥特建筑的影响，向古希腊、古罗马建筑学习，具有人文主义的倾向。这一时期出现了许多建筑大师，其中全才型的建筑师以米开朗琪罗为代表。

巴洛克建筑是在文艺复兴建筑的基础上发展起来的建筑装饰风格，其特点是外形自由，追求动态，喜好富丽的装饰和雕刻，色彩强烈，常用曲面和椭圆形空间。

西班牙马德里的阿穆德纳圣母教堂是巴洛克建筑的代表

匈牙利布达佩斯议会大厦是折中主义建筑的典型代表，糅合了多种古典建筑风格

折中主义建筑

折中主义建筑是一种19世纪上半叶至20世纪初在欧美一些国家流行的建筑风格。折中主义越过古典主义与浪漫主义在建筑创作中的局限性，任意选择与模仿历史上的各种建筑风格，把它们自由组合成各种建筑形式，故有“集仿主义”之称。折中主义建筑没有固定的风格，语言混杂，但讲求比例均衡，注重纯形式美。

阿尔罕布拉宫由受阿拉伯影响的西班牙摩尔人建造，其中的水庭院最具代表性

阿拉伯建筑

阿拉伯建筑一般被称为伊斯兰建筑，是伊斯兰艺术的重要组成部分和主要表现形式之一，涵盖了从伊斯兰教兴起至21世纪在伊斯兰文化圈内形成的各种建筑风格与样式。伊斯兰建筑的基本类型包括清真寺、陵墓、宫殿、要塞、学校和各类文化设施，其风格影响并带动了伊斯兰文化圈内各种建筑结构的设计与建造。

日本大阪城天守阁是保留至今规模较大、格局较完整的一个典型

日本建筑天守阁

天守阁是日本战国时期修建的大型城堡，在军事上有关楼和瞭望塔的作用，同时也是城主的居住之地。天守阁是城堡的中心建筑，它不仅是坚固的军事防御设施，也是所在地大名或城主政治权利和地位的象征。相对于日本民间城市建筑的平面化发展，天守阁则在对城市天际线的构筑中发挥了自己的作用。

■日本建筑金阁寺

金阁寺正式名称为鹿苑寺，位于日本京都府京都市北区，是一座临济宗相国寺派的寺院。金阁寺名称源于日本室町时代著名的足利氏第三代幕府将军足利义满之法名，又因寺内核心建筑"舍利殿"的外墙全以金箔装饰，故别称"金阁寺"。金阁寺上、中、下三层建筑分别体现了不同时期的三种风格，其最上部建筑反映了中国唐代建筑文化对日本建筑文化的影响。

日本京都金阁寺。隔水相望时，建筑及倒影与环境融为一体

■朝鲜建筑景福宫

景福宫是朝鲜半岛历史上最后一个统一王朝的正宫，位于朝鲜王朝国都汉城（今韩国首尔），是首尔五大宫之首、朝鲜王朝前期的政治中心。建筑始建于明洪武二十八年（1395 年），历经多次破坏和重建。王宫的面积与规制严格遵循与宗主国的宗藩关系，按亲王规制的郡王府营建，所有建筑均为丹青之色。建筑占地 12.6 万坪（57.75 公顷），呈正方形，南面是正门光化门，东面为建春门，西面为迎秋门，北面为神武门。

韩国景福宫庆会楼为滨水建筑，其一层架空，主要使用空间在二层

■泰国建筑

泰国是一个全民信仰佛教的国家，地处东南亚热带气候带，因此泰国建筑有着明显的宗教、气候和地域特征。泰国建筑布局比较自由，没有明确的轴线关系。建筑外部庄重华丽，内部装饰精美。泰国传统建筑多为宽顶多角塔楼和尖角塔楼，便于排水。泰国的傣族属于古代百越族群，其建筑风格也继续了百越建筑文化，在民居建筑中广泛运用干栏结构，较为适应其所处地域的气候条件。

泰国大皇宫。泰国建筑是东方建筑的一个支脉，其特点为运用多重屋顶进行装饰

■ 建筑篇

高迪设计的米拉公寓是新艺术运动的代表作，其自由的曲线形成了一种有机的形态

新艺术运动 ■

新艺术运动是 19 世纪末 20 世纪初在欧洲和美国产生并发展起来的一次影响面相当大的"装饰艺术"运动，是一次内容广泛的、设计上的形式主义运动，涉及十多个国家，从建筑、家具、产品、首饰、服装、平面一直到雕塑和绘画艺术等都受其影响，延续十余年，是设计史上一次非常重要的形式主义运动。

哈尔滨国际饭店是中国古典建筑向现代建筑转化时期的代表作

中国的现代建筑 ■

现代建筑的中国化，最初以国际式、摩登式的名义追随当时国际上的现代建筑运动，这一时期中国出现了一批重要的现代建筑作品，我国城市的大部分地区也开始被现代建筑所占据，并在改革开放后又迎来了一次现代建筑文化的冲击。中国建筑师逐渐树立了现代建筑中国化与中国现代化建筑国际化的目标，为国际建筑文化提供了新的内容。王澍获得普利兹克奖和马岩松等建筑师的作品逐渐走向国际舞台，正是这一过程的表现。

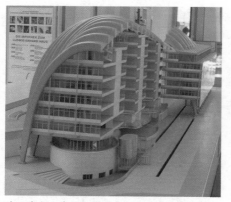

德国某办公建筑。整座建筑采用拱形悬挂体系，底层不受结构影响，可自由使用

高技派的表现 ■

高技派（High-Tech）亦称"重技派"，突出当代工业技术成就，并对其在建筑形体和室内环境设计中加以炫耀，崇尚"机械美"，常在室内暴露梁板、网架等结构构件及风管、线缆等设备和管道，强调工艺技术与时代感。高技派的典型实例为巴黎乔治·蓬皮杜国家艺术文化中心及香港汇丰银行大厦。

■紧凑城市与巨构建筑

紧凑城市理论主张在城市规划建设中以紧凑的城市形态来有效遏制城市蔓延，减少能源消耗，并为人们创造多样化、充满活力的城市生活。这一理论主要提倡以下三个观点：高密度开发、混合土地利用和优先发展公共交通。

巨构建筑事实上是一个城市原型：城市的居住区布置在综合体的表层，公共建筑则集中在综合体的裙房。所有的城市功能紧密相连，以期将对资源的消耗降到最低。

新加坡金沙酒店

■绿色可持续建筑

绿色可持续建筑强调在全寿命周期内节约资源、保护环境、减少污染，为人们提供健康、适用和高效的使用空间，最大限度地实现人与自然的和谐共生。绿色建筑评价应遵循因地制宜的原则，结合建筑所在地域的气候、环境、资源、经济和文化特点，对建筑全寿命期内的安全耐久、健康舒适、生活便利、资源节约和环境宜居五类指标进行综合评价。

北京奥运会游泳馆水立方的局部模型。建筑采用轻型材料和膜结构，节能环保

■解构主义

解构主义 (Deconstruction) 自结构主义演化而来，其最终目的是为人们提供思维活动的手段。解构主义是一种重要的现代设计风格，是后现代时期的设计师在对设计形式及其理论进行探索时所创造的，兴起于 20 世纪 80 年代后期的建筑设计界。解构主义理论以德里达在 20 世纪 60 年代创立的解构主义哲学为基础。

扎哈·哈迪德设计的香港理工大学建筑

■ 建筑篇

上海世博会多个展馆以展现地方文化为主题

新地域主义 ■

新地域主义在建筑上吸收本地的、民族的或民俗的风格，使现代建筑体现出地方的特定风格。作为一种富有当代性的创作倾向或流派，新地域主义其实来源于传统的地方主义或乡土主义，是建筑中的方言或者说是民间风格。

厦门南普陀天王殿。建筑应用了绿琉璃瓦及丰富的屋脊装饰，是闽南建筑的典型代表

中国建筑史 ■

从远古至清末，在洪荒的远古传说和明清宫禁的烟云中，古老的中国文明营造了许多传世的传统建筑，如宫殿、陵墓、坛庙、宫观、园林和民居等，其建筑形态和营造方式也影响了东亚和东南亚各国。中国传统建筑从外观上可以分为上（屋顶）、中（屋身）、下（台基）三部分，总体上以木结构为主，以砖、石、瓦等为辅。

上古时期建筑 ■

中国建筑最初起源于什么时候，现在已无法考证，而这一问题也将一直被笼罩在历史的迷雾中，无人能解。"上古穴居而野处，后世圣人易之以宫室，上栋下宇，以待风雨"，这当然只是后世人们的推测，但是其中提到的上古时期的人们都是穴居这一点倒是没错，因为直到民国时期，河南和山西一些地方的居民仍然是住在洞穴里的。洞穴和房屋很可能是同时存在的，而不是前后替代的关系。

商代城市建筑遗址 ■

郑州商代遗址为商代早期都城遗址，东起凤凰台，西至西沙口，北抵花园路，南到二里冈，面积约 25 平方公里，包括三重城垣遗址、宫殿区遗址、居住聚落遗址、墓葬区、手工作坊遗址及窖藏坑等遗迹类型，出土了大量石器、陶器、铜器、玉器和骨器等生产工具和生活用具。1961 年 3 月 4 日，郑州商代遗址被中华人民共和国国务院公布为第一批全国重点文物保护单位。

■西周建筑

西周洛邑王城位于今河南洛阳，遗址已荡然无存，我们只能依《周礼·考工记》及其他文献对其进行大致推测，且我们借以了解周代建筑形象的仅有资料是当时铜器、漆器中的仿建筑部分，或铸造、镌刻在这些器物上的建筑局部图像。西周建筑已开始使用瓦，建筑中使用木结构和封闭式的、有中轴线的院落式布局。种种迹象表明，在后世逐渐完善起来的中国古建筑至少在西周时期就已具雏形。

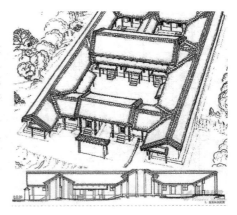

陕西岐山凤雏村西周遗址图

■战国城市与建筑

战国时期，社会生产力的进一步提高和生产关系的变革促进了封建经济的发展。手工业和商业进一步发展，城市繁荣，规模日益扩大，由此出现了一个城市建设的高潮。战国时出现了更多的城邑和宫室。战国都城一般都有大小二城，大城又称郭，是居民区，其内为封闭的闾里和集中的市；小城是宫城，建有大量的台榭。此时屋面已大量使用青瓦进行覆盖，晚期开始出现了陶制的栏杆和排水管等。

燕下都平面图

■先秦两汉南北朝建筑

这一时期的建筑普遍具有较高的台阶，建筑被置于高台之上，同时和夯土结合，形成丰富的建筑形象。建筑群体空间用院落围合，相对于后世的院落而言比较宽敞，建筑之间也比较独立。院落出入口多以阙门形式来体现礼仪性与防卫性，并在南北朝时发展成坞堡形式，是后代土楼和群体民居的雏形。

四川博物馆展出的汉代画像砖反映了门阙形制

张掖大佛寺是国内少有的建于西夏时期的寺院

宗教建筑 ■

我国历史上曾出现过多种宗教，如佛教、道教及伊斯兰教等。它们大多为外来宗教，在辗转传入中国后，与中国的本土文化相互交融、影响，并留下了丰富的建筑遗产和艺术遗产，如殿阁、佛塔、经幢、石窟、塑像和壁画等。

云冈石窟 ■

昙曜五窟某雕像

云冈石窟位于中国北部山西省大同市西郊17公里处的武周山南麓。石窟依山开凿，东西绵延1公里，存有主要洞窟45个、大小窟龛252个、石雕造像51 000余躯，为中国规模最大的古代石窟群之一。云冈石窟的造型气势宏伟，内容丰富多彩，堪称公元5世纪中国石刻艺术之冠，被誉为中国古代雕刻艺术的宝库。

龙门石窟 ■

龙门石窟位于河南省洛阳市洛龙区伊河两岸的龙门山与香山上。龙门石窟开凿于北魏孝文帝年间，之后历经东魏、西魏、北齐、隋、唐、五代、宋等朝代的连续大规模营造，今存有窟龛2 345个、造像10万余尊、碑刻题记2 800余品。龙门石窟延续时间长，跨越朝代多，以大量的实物形象和文字资料从不同侧面反映了中国古代政治、经济和宗教等领域的发展变化，对石窟艺术的创新与发展做出了重大的贡献。

龙门石窟奉先寺

■佛塔

佛塔由印度传入中国后，根据其用途的不同可分为舍利塔、经塔和墓塔等；根据其造型不同又可分为大乘佛教的楼阁式塔、密檐塔、单层塔、喇嘛塔、金刚宝座塔以及小乘佛教的佛塔等类型。此外，根据建筑材料的不同，佛塔又可分为木塔、砖石塔和铁塔等。

五台山大白塔

■嵩岳寺塔

嵩岳寺塔位于河南省登封市嵩山南麓嵩岳寺内，为北魏时期佛塔，建于北魏正光年间 (520—525 年)。嵩岳寺塔为 15 层的密檐式砖塔，平面呈十二边形，通高约 37 米（也有说 41 米左右），由基台、塔身、15 层叠涩砖檐和塔刹组成。

嵩岳寺塔是中国现存最早的砖塔，反映了中外建筑文化融合创新的历程，在结构和造型等方面具有很大的价值，对后世的砖塔建筑有着巨大的影响。

嵩岳寺塔前侧石刻

■大雁塔与小雁塔

大雁塔建于唐长安城晋昌坊 (今陕西省西安市南) 的大慈恩寺内，又名"慈恩寺塔"，是玄奘法师为供奉从印度带回的佛像、舍利和梵文经典而建造的一座五层砖塔（初五层，后加至七层）。塔高 64 米，塔身枋、斗拱、栏额均为青砖仿木结构。大雁塔是中国楼阁式砖塔的优秀典型。

小雁塔位于西安市友谊路南侧的荐福寺内，因其规模小于大雁塔，且修建时间较晚，故而得此名称。小雁塔与大雁塔东西相向，成为唐代古都长安保留至今的两处重要标志。

西安大雁塔

■ 建筑篇

应县木塔全景

应县木塔 ■

应县木塔为佛宫寺释迦塔的俗称，位于山西省朔州市应县西北佛宫寺内。木塔建于辽代，是中国现存最高、最古且唯一一座木构塔式建筑，与意大利比萨斜塔、巴黎埃菲尔铁塔并称"世界三大奇塔"，是世界最高的木塔。应县木塔高 67.31 米，底层直径 30.27 米，呈平面八角形。全塔耗材红松木料 3 000 立方米、2 600 多吨，为纯木结构，无钉无铆。塔内供奉着两颗释迦牟尼佛牙舍利。

佛光寺檐下空间

佛光寺东大殿 ■

佛光寺始建于北魏孝文帝时期，东大殿则建造于唐大中十一年(857 年)，为单檐庑殿顶建筑。建筑面阔七间，进深八架椽，平面为金厢斗底槽，建造在低矮的台基之上。它的发现打破了日本学者"在中国大地上没有唐朝及其以前的木结构建筑"的断言，因此被建筑学家梁思成誉为"中国古建筑第一瑰宝"。

从山门看独乐寺观音阁

独乐寺观音阁 ■

观音阁位于天津市蓟县独乐寺内，现存建筑为辽统和二年 (984 年) 所重建。观音阁面阔五间，进深四间八架椽，平面为金厢斗底槽样式，在二层做六边形的井口。屋顶为单檐歇山，外观两层，实际为三层 (有一夹层)，中间设腰檐与平坐。观音阁坐落于低矮的石制台基之上，门前附月台，其建筑形象与莫高窟中的唐代壁画形式颇为相似。

■晋祠圣母殿

圣母殿是晋祠的主殿，坐西向东，始建于北宋天圣年间(1023—1032年)，并于崇宁元年(1102年)重修，是中国宋代建筑的代表作。殿面阔七间，进深六间，平面为金厢斗底槽，室内梁架采用彻上明造。屋顶为重檐歇山顶，黄绿色琉璃瓦剪边，殿高19米。建筑殿前檐柱上的木雕盘龙做法堪称全国现存最早实例。圣母殿前的鱼沼飞梁，乃方形池上的一座十字形板桥，可谓国内现存传统建筑中的孤例。

晋祠圣母殿檐下空间

■园林建筑

园林建筑的发展经历了数个阶段。汉代以前的园林并没有从自然环境中脱离，春秋战国至汉初出现了郊区离宫，兼具猎场及庄园性质。汉末至南北朝，返璞归真、回归自然的思想孕育出山水审美意识。南朝起畋猎苑囿开始被表现自然美的开池筑山类园林所取代。可以说，东晋和南朝是我国自然式山水风景园林的奠基时期，而唐宋至明清时期的园林则在此基础上得到了进一步的发展。

扬州瘦西湖五亭桥

■避暑山庄

承德避暑山庄又名"承德离宫"或"热河行宫"，位于河北省承德市中心北部武烈河西岸一带狭长的谷地上，是清代皇帝夏天避暑和处理政务的场所。避暑山庄始建于1703年，历经清康熙、雍正、乾隆三朝，耗时89年建成。避暑山庄以朴素淡雅的山村野趣为格调，取自然山水之本色，吸收江南塞北之风光，成为中国现存占地最大的古代帝王宫苑，是中国园林史上一个辉煌的里程碑，是中国古典园林艺术的杰作，是中国古典皇家园林之最高典范。

避暑山庄水云榭是整个湖区的点睛之笔

建筑篇

江南园林的片段

私家园林

王公、贵族、地主、富商和士大夫等私人所有的园林，称为私家园林，它通常是主人宅邸的扩展或者延伸，平日里可举办宴客聚友、听戏观剧等活动。园林中既可观赏优美风景，也可享受城市生活。它们的面积虽然不大，但功能通常都很齐全，同时也富有自然意趣。

拙政园

园林布局结合山水、植物和建筑于一体，体现了理想的建筑环境观

拙政园位于江苏省苏州市，始建于明正德初年，是江南古典园林的代表作品。全园以水为中心，山水萦绕，厅榭精美，花木繁茂，具有浓郁的江南水乡特色。拙政园分为东、中、西三园，三园各具特色：东花园开阔疏朗，中花园是全园精华之所在，西花园的建筑则十分精美。

山西民居

山西襄汾丁村民居

在中国民居中，山西民居与皖南民居齐名，一向有"北山西，南皖南"的说法。山西民居与其他地区传统民居的共同特点都是聚族而居，坐北朝南，注重内采光；以木梁承重，以砖、石、土砌护墙；以堂屋为中心，以雕梁画栋和装饰屋顶、檐口见长。山西民居的特点是院落南北长、东西窄，北面正房多为二层，具有很强的私密性与防卫性。

■客家民居

客家民居是广东、福建、江西及台湾等省传统民居建筑的一个重要类别，主要有三种样式：客家围屋、客家排屋和福建土楼。客家民居大多为三至六层，底层是厨房兼饭堂，二层当贮仓，三层以上为卧室。客家民居是聚族群居的建筑，以木梁承重，以砖、石、土砌护墙；建筑组群以祠堂等公共空间为中心，外部围以居住空间，向心性、防卫性极强。

福建土楼代表作振成楼

■古城与传统村落

古城，即历史文化名城，一般是指拥有百年以上历史、至现代仍保存完好或经修缮基本恢复原貌的大规模古代城市聚落。截至2021年，国务院已将137座城市列为国家历史文化名城，并对这些城市的文化遗迹进行了重点保护。

传统村落一般保留了村庄较大的历史沿革，建筑环境、建筑风貌和村落选址未有较大变动，具有独特的民俗民风，兼有物质与非物质文化遗产特性。

丽江大研古城连续的坡屋顶形成聚落景观

■平遥古城

平遥古城位于山西省中部平遥县内，始建于西周宣王时期，是中国仅有的以整座古城申报世界文化遗产并获得成功的两座古城之一。平遥目前基本保存了明清时期的县城原型，有"龟"城之称。古城街道格局为"土"字形，建筑布局遵从八卦的方位，体现了明清时期的城市规划和形制分布。城内外有各类遗址300多处，有保存完整的明清民宅近4 000座，街道商铺都体现了历史原貌，是研究中国古代城市的活样本。

平遥古城南门城楼具有完整的城防体系及城市景观体系

■ 建筑篇

台北市某纪念堂将中国古建筑屋顶进行了现代转译

重庆人民大礼堂

马岩松利用参数化手段设计的哈尔滨大剧院

本土建筑意识的觉醒与发展■

中国的传统建筑形制是在运用自然材料的条件下针对农耕时代的生活模式产生的。工业化与城市化背景下的新建筑形式与空间类型，对中国传统建筑图景形成了巨大的冲击。口岸城市几乎完全以西方建筑与城市规划模式来建设，内陆的交通、商业和学校建筑也常常表现为西方建筑形制。本土的建筑意识，在外来文化进入相当长时间后，才从民间工匠的模仿转换成建筑师在西方建筑体系内的逐渐渗透、展现乃至独立表达。

西方折中主义的影响■

中国早期建筑师所接受的建筑教育以西方折中主义为主。他们不论是延续西方建筑的设计与审美，还是在此体系里利用中国的建筑文化与材料细节来构建新的建筑体系，都依然是处于折中主义的美学框架内，如上下三段式、水平向五段式、柱廊与顶部空间的塑造等。这种影响一直持续到20世纪七八十年代才基本退出本土建筑舞台。不过时至今日，人们仍可以在商业等建筑类型中看到它的延续与存在。

现代建筑的尝试■

20世纪初，在工业化与城市化大规模发展的背景下，建筑领域结合现代建筑材料与施工技术，产生了现代建筑的革命性变迁。现代城市中出现了与以往数千年传统面貌与设计美学思想和空间布局方式不同的新空间、新形式和新结构。这一变化不仅在现代社会中新出现的建筑功能类型上得以体现，还渗透重组了人们所有的生活空间，构成了一幅幅现代生活的新图景。

■梁思成

梁思成（1901.4.20—1972.1.9），籍贯广东新会，生于日本东京，毕生致力于中国古代建筑的研究和保护，是建筑历史学家、建筑教育家和建筑师。他曾任中央研究院院士（1948年）、中国科学院哲学社会科学学部委员，参与了人民英雄纪念碑和中华人民共和国国徽等作品的设计。

梁思成工作照片

■杨廷宝

杨廷宝（1901.10.2—1982.12.23），字仁辉，河南南阳人，中国建筑学家、建筑教育学家，中国近现代建筑设计开拓者之一。他自1940年起长期在中央大学、南京大学、南京工学院建筑系任教授及系主任，1955年当选中国科学院技术科学部委员，并曾任中国建筑学会理事长、国际建筑师协会副主席。

杨廷宝晚年照片

■童寯

童寯（1900.10.2—1983.3.28），满族，字伯潜，出生于今沈阳市郊，是著名的建筑学家、建筑教育家、中国第一代杰出建筑师、中国近代造园理论和西方现代建筑研究的开拓者。他是建筑界融贯中西、通释古今的大师，被公认为中国建筑四杰之一。他的作品在中国近现代建筑史中占有重要的地位，拥有深远的影响。

童寯照片

第六章
建筑师在建筑发展中的作用

医生们可以掩埋掉他们的错误，但建筑师不得不和他们的错误生活在一起。

——贝聿铭

■伊克蒂诺

　　伊克蒂诺为古希腊著名建筑师，其创作时期为公元前5世纪，作品主要集中在雅典，其中最著名的有雅典卫城的帕提侬神庙和巴赛的阿波罗·伊壁鸠鲁神庙。帕提侬神庙是古希腊建筑的最高成就，是古希腊建筑乃至西方建筑的最初杰作。从古至今，一直有很多建筑师在对其进行学习、分析、模仿与致敬。

帕提侬神庙的修复场景

■维特鲁威

　　维特鲁威是古罗马作家、建筑师和工程师，活跃于公元前1世纪，是历史上第一位在形式的系统性上覆盖了建筑学全部领域的人。他在建筑与历史上的地位主要体现于他的著作《建筑十书》中。自文艺复兴以来，所有关于建筑理论方面的文字描述，都是基于此本著作之上的。

达·芬奇画作《维特鲁威人》反映了文艺复兴时期对古罗马建筑文化的推崇

■伯鲁乃列斯基

　　伯鲁乃列斯基是意大利文艺复兴早期颇负盛名的建筑师与工程师，其主要建筑作品位于意大利佛罗伦萨。据其传记作者的说法，伯鲁乃列斯基"得以享有埋葬在圣母百花大教堂的殊荣，在世时已经雕好一个大理石胸像，以这样一个辉煌的墓志铭作为永恒的纪念。"

巴齐礼拜堂体现了伯鲁乃列斯基的精湛设计手法

伯拉孟特设计的米兰圣玛利亚感恩教堂

伯拉孟特 ■

　　伯拉孟特出生于乌比诺，受过阿尔伯蒂和米开罗卓等人的影响。他在其设计的两座米兰教堂中大胆采用许多新的、微妙的装饰，但在建筑上却未有多大突破。1499年是他一生的转折点，这一年他55岁，从米兰移居至当时意大利的艺术中心罗马。他来到罗马后，深受古罗马建筑的鼓舞和蓬勃兴旺的文艺复兴思想的感染，开始追求古罗马式的庄严气氛。从此他一展才华，开创了文艺复兴盛期雄伟、庄重的建筑新风。

米开朗琪罗 ■

米开朗琪罗在圣彼得大教堂内的雕塑《哀悼基督》

　　米开朗琪罗·博那罗蒂（Michelangelo Buonarroti，1475.3.6—1564.2.18）是意大利文艺复兴时期伟大的绘画家、雕塑家、建筑师和诗人，是文艺复兴时期雕塑艺术最高峰的代表，与拉斐尔和达·芬奇并称为"文艺复兴后三杰"。他一生追求艺术的完美，坚持自己的艺术思路。他于1564年在罗马去世，其风格影响了几乎三个世纪的艺术家。

古典主义 ■

凡尔赛宫教堂室内设计

　　古典主义建筑在意大利文艺复兴建筑和巴洛克建筑的基础上发展起来，并进一步延续、提炼和精化了古希腊、古罗马建筑的形制与思想。古典主义的代表性时期是法国古典主义时期，其在古典柱式与穹顶等要素上，强调比例、疏密、节奏与整体格局的丰富与完整。这一时期法国涌现了很多以宫廷和城市公共建筑为主要作品的建筑师，并在欧洲产生了很大的影响，这使得法国城市成为当时欧洲其他城市改建发展的参考蓝本。

■勒诺特

安德烈·勒诺特是法国造园家和路易十四的首席园林师。令其名垂青史的是他为路易十四设计的凡尔赛宫苑，它代表了法国古典园林的最高水平。

勒诺特一生中设计、改造了大量的府邸花园，形成了风靡欧洲长达一个世纪之久的勒诺特样式。其主要作品还有沃·勒·维贡特庄园、枫丹白露城堡花园、圣日耳曼·昂·莱庄园、圣克洛花园、尚蒂伊府邸花园、丢勒里花园和索园等。

凡尔赛宫花园局部

■于·阿·孟莎

孟莎式屋顶由法国建筑师孟莎所创，又称折面屋顶、折腰屋顶，是西欧古老的木结构屋顶，是法国从文艺复兴时期到古典主义时期典型的屋顶形式，影响了法兰西第二帝国时期的建筑风格。

孟莎设计的巴黎街道及恩瓦利德教堂

■辛克尔

辛克尔（1781—1841年）为德国古典复兴主义建筑师，1798年起开始学习建筑，随其师致力于希腊古典复兴建筑的设计与研究。他于19世纪初旅行至意大利考察研究古建筑，体会深刻，由此首次提出建筑的时代性问题。

辛克尔的作品主要以希腊建筑为模式，富有纪念性效果，其代表作品有柏林旧博物馆等。

德国古典建筑精品柏林歌剧院

■建筑篇

维也纳邮政储蓄银行

奥托·瓦格纳■

　　奥托·瓦格纳早期于柏林和维也纳学习。1864 年，他开始学习古典建筑设计。瓦格纳擅长设计文艺复兴样式的建筑，19世纪末，他的思想开始转变，提出新建筑设计要来自当代生活，并表现当代生活。1895 年，奥托·瓦格纳出版了《现代建筑》一书，书中体现了基本的分离派思想。

古埃尔公园廊道的自然形体与材料

高迪■

　　安东尼奥·高迪（1852.6.25—1926.6.10）出生于西班牙加泰罗尼亚小城雷乌斯，是西班牙建筑师、塑性建筑流派的代表人物。塑性建筑流派属于新艺术运动时期的建筑风格。

　　高迪一生设计过很多作品，主要有古埃尔公园、米拉公寓、巴特罗公寓和圣家族大教堂等，其中有17 项被西班牙列为国家级文物，有 7 项被联合国教科文组织列为世界文化遗产。

　　高迪的主要作品均在巴塞罗那，是该市主要文化形象的构建者，巴塞罗那也因此被称为"高迪的城市"。

格罗皮乌斯设计的柏林集合住宅

格罗皮乌斯■

　　瓦尔特·格罗皮乌斯 1883 年 5 月 18 日出生于德国柏林，1969 年 7 月 5 日卒于美国波士顿，是德国现代建筑师和建筑教育家、现代主义建筑学派的倡导人和奠基人之一、公立包豪斯学校的创办人。格罗皮乌斯积极提倡建筑设计与工艺的统一、艺术与技术的结合，讲究功能、技术和经济效益。1945 年格罗皮乌斯与他人合作创办协和建筑师事务所，并使其发展为美国最大的以建筑师为主的设计事务所。第二次世界大战后，他的建筑理论和实践为各国建筑界所推崇。格罗皮乌斯和密斯、赖特及柯布西耶并称为现代建筑派或国际形式建筑派的主要代表。

■密斯·凡·德·罗

密斯·凡·德·罗为现代主义建筑
大师。密斯的建筑思想是从实践与体验
中产生的，他坚持"少就是多"的建筑
设计哲学，在处理手法上主张流动空间
的新概念。密斯的建筑艺术依赖于结构，
但又不受结构限制，它从结构中产生，
反过来又要求精心制作结构。密斯的建
筑理念至今仍被世界各国的建筑师追随，
并以此为基础进行探索与发展。

密斯设计的巴塞罗那德国馆

■柯布西耶

勒·柯布西耶是 20 世纪最著名的建筑大师、城市
规划家和作家，是现代建筑运动的激进分子和主将、
现代主义建筑的主要倡导者、机器美学的重要奠基人，
被称为"现代建筑的旗手"。他还是功能主义建筑的
泰斗，又被称为"功能主义之父"。柯布西耶的风格
在不同时期是十分多变和个人化的，至今仍影响着全
世界的建筑师向其学习。他出版了很多有关现代建筑
的著作，如《走向新建筑》和《光明城市》等。

柯布西耶设计的瑞士巴黎公寓

■赖特

弗兰克·劳埃德·赖特是工艺美术运动美国派的
主要代表人物、美国艺术文学院成员，在世界上享有
盛誉。赖特师从摩天大楼之父、芝加哥学派（建筑）
代表人路易斯·沙利文后自立门户，成为著名建筑学
派"田园学派"的代表人物，其代表作包括建于宾夕
法尼亚州的流水别墅和世界顶级学府芝加哥大学内的
罗比住宅。弗兰克·劳埃德·赖特与瓦尔特·格罗皮
乌斯、勒·柯布西耶和密斯·凡·德·罗并称"四大
现代建筑大师"。

赖特

■ 建筑篇

路易斯·康1901年生于大西洋上的爱沙尼亚岛，1905年随全家迁往美国宾夕法尼亚州，1924年毕业于费城宾夕法尼亚大学。他的建筑设计多以简洁的风格、哲学化的表达以及富有诗意而著称，同时还发展了建筑设计的现代性和纪念性品格。他的设计实践根植于现代主义建筑，并为他那些诗句般的理论做了注解；而他的理论，似乎又为他的实践点染上了神秘的色彩。康的理念、思想与建筑折服了后来的许多建筑学人，其追随者有不少是各国建筑设计界和建筑教育界的中坚分子。

路易斯·康

阿斯·夏隆■

汉斯·夏隆1915年大学毕业，从事建筑与城市规划工作，曾任大学教授。1927年由密斯主持的斯图加特住宅展览中就有夏隆设计的一座住宅。他不仅成功地诠释了哈林的有机功能主义观念，还将其应用于实践，并进一步通过对用地、功能需求以及更深远的社会意义所做的细致研究，展现出全新的空间体验与形式。

魏森霍夫住宅展，夏隆

阿尔瓦罗·西扎■

阿尔瓦罗·西扎被认为是当代最重要的建筑师之一。他的作品注重在现代设计与历史环境之间建立深刻的联系，并因其个性化的品质和对现代社会文化变迁的敏锐捕捉而受到普遍关注。西扎早期的建筑作品表现出对源于"地方"与"乡土"的形式的敏感。通过致力于用现代的手法演绎葡萄牙传统，西扎发展了他独特的空间技巧和建筑语言，为他随后的建筑创作积淀了原型性的力量。

1998年世博会葡萄牙馆

■伦佐·皮亚诺

伦佐·皮亚诺（1937.9.14—）是意大利当代著名建筑师，1998年第20届普利兹克奖得主。他出生于热那亚，目前仍生活并工作于这一古城。因对热那亚古城保护的贡献，他还被任命为联合国教科文组织亲善大使。他受教并于其后执教于米兰理工大学。1965年至1970年间，他为路易斯·康工作。1971年至1977年间，他与理查德·罗杰斯共事，其间最著名的作品就是巴黎的乔治·蓬皮杜国家艺术文化中心（1977年）。2013年他被意大利总统乔治·纳波利塔诺任命为终身参议员。

皮亚诺设计的文化中心模型

■理查德·罗杰斯

理查德·罗杰斯（1933.7.23—）为英国建筑师。他1933年出生于意大利佛罗伦萨，后就读于伦敦AA学校，并于1962年毕业于美国耶鲁大学。其代表作有著名的"千年穹顶"、与福斯特合作设计的香港汇丰银行大厦及与意大利建筑师皮亚诺共同设计的乔治·蓬皮杜国家艺术文化中心等。虽然他饱受争议，但这并不妨碍他成为三十年来最有影响力的建筑师之一。1991年他被授予了爵士头衔。

乔治·蓬皮杜国家艺术文化中心

■弗兰克·盖里

弗兰克·盖里出生于一个加拿大犹太人家庭，17岁后移民至美国加利福尼亚，成为当代著名的解构主义建筑师，以设计具有奇特不规则曲线造型和雕塑般外观的建筑而著称。盖里最著名的建筑是位于西班牙毕尔巴鄂的那座有着钛金属屋顶的古根海姆美术馆。

盖里所设计的洛杉矶音乐厅及LV基金会建筑

建筑篇

库哈斯设计的深圳证券交易大厦

雷姆·库哈斯■

雷姆·库哈斯为荷兰建筑师，1944年出生于鹿特丹，是OMA的首席设计师，也是哈佛大学设计研究所的建筑与城市规划学教授。2000年库哈斯获得了第22届普利兹克奖。北京的中央电视台新楼便是由他设计的。

扎哈设计的香港理工大学创新大厦

扎哈·哈迪德■

扎哈·哈迪德于1950年出生于巴格达，为伊拉克裔英国建筑师。她是2004年普利兹克建筑奖的获奖者。扎哈·哈迪德的作品包括米兰的170米玻璃塔、蒙彼利埃摩天大厦以及迪拜的舞蹈大厦等。扎哈在中国的第一个作品是广州大剧院。北京银河SOHO建筑群、南京青奥中心、香港理工大学创新大厦和北京大兴国际机场等也都出自她之手。

里伯斯金设计的柏林犹太人纪念馆

丹尼尔·里伯斯金■

丹尼尔·里伯斯金（1946—）为建筑师、哲学家，出生于战后的波兰洛兹，师从"纽约五杰"之一的海杜克学习建筑，并于1972年获得英国埃塞克斯大学建筑历史及理论的硕士学位。20世纪八九十年代，他在建筑教育和建筑理论方面有着很大的影响力。2001年他在柏林的设计作品——犹太人纪念馆落成，而此前他并没有从事建筑实践工作。

■沃尔夫冈·巴特雷斯

他创建了简单、优雅和寻求定义并庆祝归属感和崇高感的公共艺术作品。他已经在欧洲、澳大利亚、美国和日本等地发表了自己的公共空间艺术作品。通过使用适当的材料、重复的自然形态和历史位置，他的每件作品都以一种可持续的方式巩固了自己的历史地位。

米兰世博会英国馆

■让·努维尔

让·努维尔是当代著名建筑师之一，1945年出生于法国西南部阿基坦大区洛特-加龙省的菲梅勒。他曾于法国巴黎国立高等美术学院学习。他在作品中综合采用钢和玻璃材料，并熟练地运用光作为造型要素，使作品充满魅力。他认为建筑设计的过程更多的是适应外部自然、城市和社会条件的结果。

让·努维尔设计的巴黎音乐厅

■蓝天组

蓝天组1968年由沃尔夫·德·普瑞克斯(1942年生于维也纳)和海默特·斯维茨斯基(1944年生于波兰)在奥地利维也纳设立。1990年蓝天组开始由合伙人法兰克斯蒂普经营，其激进、实验性的探索手法自MOMA的展览会以后，开始被称为解构主义。在现代建筑领域，蓝天组可谓解构主义的急先锋。1989年竣工的"屋顶改造"项目是解构主义建筑的里程碑。

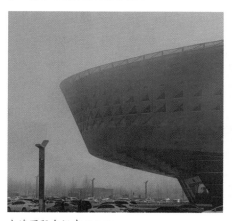
大连国际会议中心入口

与基地考古遗址和谐共存的雅典卫城博物馆

屈米 ■

屈米是世界著名建筑评论家、设计师。自 20 世纪 70 年代起，屈米就声称建筑形式与发生在建筑中的事件没有固定的联系。他的作品强调建立层次模糊、不明确的空间。在屈米的理念中，建筑这一角色不是用来表达现存社会结构的，而是作为一种质疑和校订的工具存在。他的著名设计项目包括巴黎拉维列特公园、东京歌剧院、德国卡尔斯鲁厄媒体传播中心以及哥伦比亚学生活动中心等。

由 19 世纪火车站改造成的法国巴黎奥赛博物馆

盖·奥伦蒂 ■

盖·奥伦蒂是一位著名的意大利女建筑师、照明和室内设计师、工业设计师和舞台设计师，因为善于将老建筑更新改造为现代博物馆而享誉国际。其设计常常以旧建筑改造利用为切入点，展示旧建筑所能创造的新价值。她的作品包括由奥赛火车站改造而成的巴黎奥赛博物馆、乔治·蓬皮杜国家艺术文化中心的当代艺术馆、威尼斯的格拉西广场和美国旧金山的亚洲艺术博物馆。

丹下健三设计的巴黎意大利广场某办公楼

丹下健三 ■

丹下健三是日本著名建筑师，曾获得普利兹克奖，东京奥运会主会场就是他的杰作。1961 年他创建了丹下健三城市·建筑设计研究所。1964 年东京奥运会主会场——代代木国立综合体育馆是丹下健三结构表现主义时期的顶峰之作，它具有原始的想象力，达到了材料、功能、结构、比例乃至历史观的高度统一，被认为是 20 世纪世界最美的建筑之一。日本现代建筑甚至以此作品为界，划分为之前与之后两个历史时期，而他本人也赢得了"日本当代建筑界第一人"的赞誉。1980 年丹下健三被授予日本文化艺术界的最高奖——日本文化勋章。

■矶崎新

矶崎新是后现代主义建筑设计师，被认为是亚洲建筑设计师的重要代表。他曾设计过一系列大型建筑物，如筑波市政中心 (1979—1983 年)、日本兵库西胁市的图形设计博物馆、纽约布鲁克林博物馆的扩建部分 (1986 年) 和洛杉矶当代艺术博物馆等。他的建筑大都融合了理性的现代主义结构和典雅的古典主义布局及装饰，同时又兼有东方的细腻构件和装饰特色。

矶崎新设计的深圳博物馆中庭

■隈研吾

隈研吾是日本当代最著名的建筑师之一，他对日本传统建筑元素进行了重新诠释，其主要设计手段包含对天然材料的运用、对建筑光影的组织和对轻盈而坚固的结构的应用。同时，他还特别注意对传统建筑文化的学习及在 21 世纪语境下的创新。他的建筑与多数日本当代作品不同。他没有通过简单的手法试图使建筑淡入周围环境，而是采用传统的元素，以便让建筑仍然能联系到其所在的地域。这些传统元素与高科技的混合设计在世界各地都大受欢迎。

隈研吾事务所设计的东京浅草文化旅游信息中心

■尼迈耶

奥斯卡·尼迈耶是拉丁美洲现代主义建筑的倡导者，被誉为"建筑界的毕加索"。他的作品多达数百个，遍布全球十几个国家。他曾在 1946 年至 1949 年间与中国著名建筑师梁思成等共同组成负责设计纽约联合国总部大楼的十人规划小组，并曾在 1956 年至 1961 年间担任巴西新首都巴西利亚的总设计师。巴西利亚被誉为城市规划史上的一座丰碑，于 1987 年被教科文组织收入《世界遗产名录》。

巴黎某组织总部

普利兹克奖（The Pritzker Architecture Prize）又名普利兹克建筑奖，是由普利兹克家族的杰伊·普利兹克（Jay A. Pritzker）和妻子辛蒂发起、凯悦基金会赞助、于1979 年设立的建筑奖项。普利兹克奖是建筑领域的国际最高奖项，被誉为"建筑界的诺贝尔奖"。

每年约有五百多名从事建筑设计工作的建筑师被提名此奖。来自世界各地的知名建筑师及学者组成评审团，评出一个个人或组合，对其在建筑设计创作中所表现出的才智、洞察力、献身精神以及其通过建筑艺术为人类和人工环境等方面所做出的杰出贡献进行表彰。

20 世纪七八十年代获奖者

1979（美）菲利普·约翰逊 Philip Johnson
1980（墨）路易斯·巴拉干 Luis Barragan
1981（英）詹姆斯·斯特林 James Stirling
1982（美）凯文·洛奇 Kevin Roche
1983（美）贝聿铭 Ieoh Ming Pei
1984（美）理查德·迈耶 Richard Meier
1985（奥）汉斯·霍莱因 Hans Hollein
1986（德）戈特弗里德·玻姆 Gottfried Boehm
1987（日）丹下健三 Kenzo Tange
1988（美、巴）戈登·邦夏 Gordon Bunshaft、奥斯卡·尼迈耶 Oscar Niemeyer
1989（美）弗兰克·盖里 Frank O. Gehry

20 世纪 90 年代获奖者

1990（意）阿尔多·罗西 Aldo Rossi
1991（美）罗伯特·文丘里 Robert Venturi
1992（葡）阿尔瓦罗·西扎 Alvaro Siza
1993（日）槙文彦 Fumihiko Maki
1994（法）克里斯蒂安·德·波特赞姆巴克 Christian de Portzamparc
1995（日）安藤忠雄 Tadao Ando
1996（西）拉斐尔·莫内欧 Rafael Moneo
1997（挪）斯维勒·费恩 Sverre Fehn
1998（意）伦佐·皮亚诺 Renzo Piano
1999（英）诺曼·福斯特爵士 Sir Norman Foster
2000（荷）雷姆·库哈斯 Rem Koolhaas

21 世纪 00 年代获奖者

2001（瑞）雅克·赫尔佐格 Jacques Herzog、皮埃尔·德·梅隆 Pierre de Meuron
2002（澳）格伦·马库特 Glenn Murcutt
2003（丹）约翰·伍重 Jorn Utzon
2004（英）扎哈·哈迪德 Zaha Hadid
2005（美）汤姆·梅恩 Thom Mayn
2006（巴）保罗·门德斯·达·洛查 Paulo Mendes da Rocha
2007（英）理查德·罗杰斯 Richard Rogers
2008（法）让·努维尔 Jean Nouvel
2009（瑞）彼得·卒姆托 Peter Zumthor
2010（日）妹岛和世 Kazuyo Sejima、西泽立卫 Ryue Nishizawa

21 世纪 10 年代获奖者

2011（葡）艾德瓦尔多·苏托·德·莫拉 Eduardo Souto de Moura
2012（中）王澍 Wang Shu
2013（日）伊东丰雄 Toyo Ito
2014（日）坂茂 Shigeru Ban
2015（德）弗雷·奥托 Frei Otto
2016（智）亚力杭德罗·阿拉维纳 Alejandro Aravena
2017（西）拉斐尔·阿兰达 Rafael Aranda、卡莫·皮格姆 Carme Pigem、拉蒙·比拉尔塔 Ramon Vilalta
2018（印）巴克里希纳·多西 Balkrishna Doshi
2019（日）矶崎新 Arata Isozaki
2020（爱）伊冯·法雷尔 Yvonne Farrell、谢莉·麦克纳马拉 Shelley McNamara

第七章
建筑学习的构成

建筑师必定是伟大的雕塑家和画家。如果他不是雕塑家和画家，他只能算个建造者。

——贝聿铭

某建筑学院建筑基础训练展览

基础与初步是建筑学类专业的入门课程，是整体设计课程系列的起步和基础，对高年级分专业、分方向培养专业设计人才具有举足轻重的作用。此课程以材料归类（指代）、以营造为脉络组织教学内容，突出营造理念的根植，有助于学生树立起"设计不仅仅是'画建筑'，更重要的是'造建筑'"的正确设计思维逻辑。

学生利用砖和木材搭建的建筑模型

此课程主要介绍建筑学的基础知识，包括建筑学的研究对象与内容，建筑学研究中科学、艺术、技术和工程的不同范畴及特点，以及与建筑相关的建筑历史与理论、城市规划与设计、建筑物理环境和建筑设备等学科的框架。

上海世博会主题馆的巨型框架所形成的室外空间

在此课程中，学生通过参观不同的代表性建筑，包括建筑的总体环境、功能分区、流线组织、景观和结构等，体验空间体量，感受设计氛围，进一步培养尺度感和空间感，同时了解建筑发展和新理念、新材料及新技术对城市的影响，积累更多的专业知识。

■建筑设计初步

　　建筑设计方案主要解决建筑形体、平面功能布局、立面造型、面积指标、容积率、总平面定位和退线等问题。建筑初步设计主要是在建筑设计方案形成后所做的进一步细化。此时各专业会提出相关问题，并提出解决方案，使建筑方案更为合理，从而为建筑施工图服务。

课堂评图和讲解

■建筑构成训练

　　建筑构成一般分为三部分——平面构成、色彩构成和立体空间构成，通过抽象的点、线、面、体来逐步培养学生的造型能力和审美能力，其训练步骤为从二维平面向三维空间思维模式逐渐过渡。

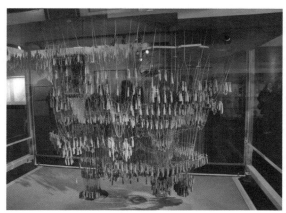

安东尼奥·高迪设计的结构模型

■公共建筑设计

　　公共建筑设计是建筑教学环节中的重要一环。无论是幼儿园、宾馆与医院等小型建筑还是大型交通与城市综合体建筑，学生的大量设计方法与技能训练都是通过这些不同类型的公共建筑来实现的。学生的建筑风格、空间逻辑和不同的结构体系、技术知识及表达技能，也会在公共建筑设计中得到集中反映。

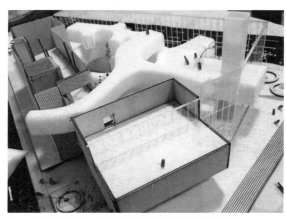

二、三年级小型公共建筑设计学习中的模型及表达

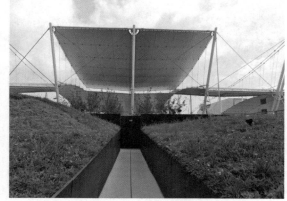

米兰世博会上赫尔佐格设计的中轴及场地景观

小型建筑空间与环境■

　　小型建筑空间主要包括公共活动空间、交通空间和私人空间等。应根据使用者的不同行为活动和环境考虑人与空间的协调。对空间进行创意性设计时不仅要保证人的使用需求，还需要确保空间的良好通风与采光条件，并结合考虑使用者的舒适性心理需求。

空间模式与功能体系组织■

　　对于建筑，空间模式是其最初的意义，但其现实意义却是人们赋予建筑空间功能的含义。我们可以认为建筑的功能与其空间模式之间有着密切的联系。从文艺复兴到现代主义时期，建筑形式一直在不断演化，而在这一过程中，建筑空间逐渐开始依附于建筑的功能。建筑空间模式只有适应建筑功能的需求，才能为人们创造良好的生活空间，进而促进建筑功能的转变与发展。二者之间是互相联系、相辅相成的。

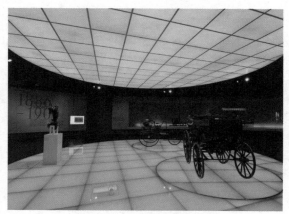

对方案的空间模式和功能体系进行再组和修改

空间的文化属性■

　　建筑的发展记载着人类的历史、文明进程和文化的兴衰。建筑一方面受到文化系统的影响和制约，另一方面又反过来影响和作用于文化系统。古今中外，对于屹立于漫漫历史长河中的所有建筑，人们都可以解读出其建筑设计中所包含的深厚文化底蕴。

奔驰博物馆以马车形态的汽车作为展览的起点

■多功能空间体系

大型公共建筑将各种使用功能集于一身，带来复杂丰富的空间形体效果，形成建筑的外在形象特征。设计中需要利用有限的空间与时间组织容纳丰富的功能，既可以是同一空间在不同时间内安置、容纳不同功能，也可以是同一空间同时安置、容纳多种功能。

葡萄牙某建筑独特的空间形体建构

■高层建筑设计

现代城市的密集发展产生了大量高层建筑，它们已成为大城市的典型图景。高层建筑设计包含总平面设计、裙楼设计、标准层设计、停车场库设计、电梯配置、造型与色彩设计等，同时还有防火、结构、设备和智能化等方面的设计。

西萨·佩里设计的香港世界建筑金融中心

■大型公共建筑设计

大型公共建筑一般指建筑面积在2万平方米以上的办公、商业、旅游、科教文卫和通信建筑以及交通运输用房，如大型商业广场、医院、写字楼和科教馆等。在针对各类型公共建筑的学习中，既要把握类型建筑的特殊规律，又要增加对建筑一般规律的掌握。

GMP 设计的深圳世界大学生运动会体育场

■ **建筑篇**

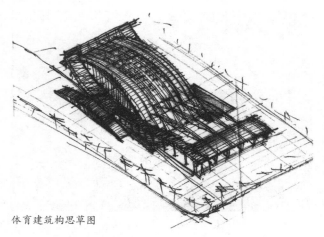

体育建筑构思草图

功能性与技术性■

建筑的功能性是建筑使用价值的体现，是建筑的灵魂。建筑设计在光线、材料、颜色以及各种尺寸设计上都要符合人体工程学，从而保证建筑的舒适度。建筑的技术性主要是建筑物理方面的相关研究，以进一步提高建筑的总体性能。

居住单元设计■

居住单元设计主要从居住单元的安全性、健康性、功能性和灵活性方面进行考虑，并根据居住人员的特点对具体居住单元空间，包括卫生间、厨房、阳台和公共区域等进行规划设计。

哲学家维根特斯坦为其家人设计的住宅建筑图

居住建筑设计■

位于西双版纳的某公寓楼设计方案

居住建筑是指供人们日常居住和生活之用的建筑物，包括住宅、别墅、宿舍和公寓等。居住建筑按居住者可分为青年公寓、老年公寓、集体宿舍及无障碍住宅等。住宅建筑按组合方式可分为独户住宅和多户住宅两类；按层数可分为低层、多层、中高层和高层住宅。此外，根据建筑的不同结构、材料和施工方法，或按其主体结构的不同特征，也可将住宅分为砖混住宅、砌块住宅和大板住宅等类型。

■住区规划

住区规划是在城市总体规划的基础上，根据现状条件对城市中生活和居住用地所进行的综合性设计工作，涉及使用、卫生、经济、安全、施工和美观等多方面的要求。住区规划包括居住区规划和居住小区规划两个层面。

在城市设计阶段，学生以模型和图纸进行汇报

■城市设计

城市设计通常指以城市作为研究对象的设计工作，是一种介于城市规划、景观设计与建筑设计之间的设计。相对于城市规划的抽象性和数据化，城市设计更具有具体性和图形化特征。

上海浦东陆家嘴金融区早期规划设计模型

■城市新区与产业园区

城市新区是为了解决城市化发展给城市带来的一系列经济、社会和环境问题而在城市外围建设的新地区。产业园区是指以促进某一产业发展为目标而创立的特殊区位环境，是区域经济发展、产业调整升级的重要空间聚集形式，担负着聚集创新资源、培育新兴产业和推动城市化建设等一系列重要使命。城市新区和产业园区的建设是城镇化发展的持续动力。

某产业园区城市设计构思草图

长沙某历史街区模型

旧城更新■

旧城更新是对城区道路、设施及公共建筑等进行局部或整体的改造和更新，以提升城市物质生活环境和消防、出行、生产和生活等空间条件。旧城更新既能反映城市的动态发展、城市空间的规划组织以及建筑和社会福利设施的完善，又能丰富城市的文化与景观图景。

古城保护与历史街区■

威尼斯内运河及廊桥

古城保护是一项复杂的系统工程，需要正确处理古城保护和古城发展的关系，不仅要实现对古城历史和文化价值的保护，更要促进古城各项事业的高质量发展。古城保护包括对历史的保护、对文化的保护和对精神的保护等。

在对历史文化街区进行环境状况、城市市政设施现状等调研后，才能开始制订具体的保护规划，包括建筑物和环境风貌的保护整治、基础设施的改造和建设、用地功能和建筑物的使用调整以及分期实施计划、近期实施项目的设计和概算。

公共建筑设计原理■

校际合作教学场景

公共建筑设计原理包含建筑空间与形式问题以及设计原理与方法、步骤等内容，要分析公共建筑设计中的共性问题，并运用一般性原则，阐明公共建筑中带有普遍性和规律性的问题。学生主要学习公共建筑设计的基本原则、构思方法和必要的组合技巧。

■居住建筑设计原理

居住建筑设计原理以城镇居住建筑为基本目标，按住宅建筑、公寓建筑和综合体建筑分类，力求全面概括现代居住建筑的基本设计内容，包括居住建筑的含义、如何设计居住建筑以及其他与居住建筑相关的知识。

■建筑历史与理论

建筑历史与理论是关于建筑理论与实践、建筑史观与现代意识、城乡演变与遗产保护研究的综合性学科，其主要研究对象是建筑的发展过程。它的主要任务是讲述和阐释各时期建筑的产生、变化和衰亡，着眼于它们的历史意义。

■城市社会学

城市社会学是一门以城市社会为研究对象的分支社会学科，主要对城市社会的起源和发展、城市区位分布、城市社区的结构和功能、城市居民的生活方式和心理状态、城市化以及城市的社会组织、管理和规划等不同层面进行理论研究和经验研究。

■建筑美学

美学是哲学领域的一个范畴，其研究对象是人的审美活动，是人对艺术感性认识的理性总结。如何认识和评价建筑这种公共艺术作品、人们对建筑美的感受如何产生发展、如何掌握大众审美意识并加以引导，这些都是建筑师需要考虑的问题。不过，建筑作为一类成本较高的创作作品，相较其他艺术品，往往在美学应用方面具有一定的保守性和滞后效应，所以相对于实验性，建筑的应用性特征更为明显。

■建筑设计方法论

建筑设计方法论是一门属于哲学范畴的学科，它本身并不为建筑设计提供具体方法，主要是将建筑设计这一活动领域作为研究对象。建筑设计方法论包含四个范畴：作为活动的设计、设计问题的选择、设计的逻辑和设计的过程。

■建筑建造技术

建筑建造技术是建筑工程建造中有关各施工工艺、技术和方法的学科。它以建筑工程项目为对象，研究如何才能综合运用有关学科的基本理论、知识和有关施工规律，以最好的经济效益完成建筑建造任务。

■建筑环境行为学

建筑环境行为学的主要研究内容是人的行为与人所处的物质环境之间的关系，注重环境与人的外显行为之间的关系与相互作用。建筑环境行为学运用心理学的一些基本理论、方法与概念来研究人在城市与建筑中的活动及人对这些环境的反应，由此反馈到城市规划和城市设计中去，以改善人类生存的环境。

建筑的空间围合程度及界面，影响人对建筑空间的认知与感受

建筑设备工程系统 ■

　　建筑设备工程系统包括电梯、中央空调、给水、排水、热水供应、供配电、楼宇自动化、消防及报警、人防系统和煤气供应系统等，这些设备系统共同为人们的工作和生活提供了安全、方便和舒适的室内环境。

巴黎某音乐厅地下停车场反映了设备体系的立体排布

建筑智能化 ■

　　智能建筑是指利用系统集成方法，将智能型计算机技术、通信技术、控制技术、多媒体技术和现代建筑艺术有机结合，通过对设备的自动监控、对信息资源的管理、对使用者的信息服务以及对建筑环境的优化组合所获得的投资合理，适合信息技术需要并且具有安全、高效、舒适、便利和灵活特点的现代化建筑物。

法国某建筑学院室内中庭

建筑心理学 ■

　　建筑心理学是一个多学科交叉、涉及多领域技术的新研究方向，其研究者必然需要在心理学及建筑学方面有较专业的知识、深厚的建筑实践功底甚至必要的浪漫主义情怀，这样才能从建筑设计者的认知角度、从建筑使用者的知觉角度和从环境空间对心理的映射角度来探究人类对空间的视觉及意识感知。

某商业综合体的室内布展

第八章
建筑设计技能与方法

建筑与基地间应当有着某种经验上的联系，一种形而上的联系，一种诗意的联络。

——斯蒂芬·霍尔

■ 建筑篇

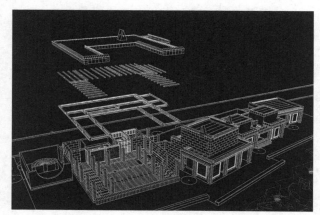

描摹与分析■

通过对建筑现场的描摹与分析，建筑专业学生可以更好地掌握建筑的尺度和比例关系，掌握表现建筑物的不同技法，最大化地积累素材和语汇，增强自身的表达与表现能力。

学生对建筑大师作品的分析

建筑写生■

建筑写生是对建筑实体的描绘，是从物象到画面的过程，更加注重表现建筑的形式美、结构美、材料美以及建筑与环境的依从关系。

这种将物象转变为图形的创作活动，是通过画者对形体的自由组合、色彩搭配和技法的运用等来构成画面中的次序感和形式美感的，其所展示的艺术效果也是画者个体的精神体现。

写生与创作草图紧密关联

案例描摹■

描摹是指按照原作仿制书法和绘画作品的过程，是学习书画技法的途径。对大师作品原尺寸的分析更有利于学生对尺度和空间细节的认识。对于建筑来说，对经典作品的描摹是建筑学习入门的重要手段与手法。

学生对柯布西耶作品的分析

■案例分析

案例分析在建筑学习中非常重要，是学习者设计经验和能力提升的关键。案例分析主要包括建筑与场地关系分析，建筑特色分析，空间联系、功能、动线、光影、比例、材料、结构和建构分析等，从而帮助学习者认识建筑概念的生成及建筑师实现自己概念的方法和手段。

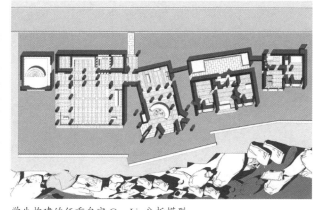

学生构建的伍重自宅 Can Lis 分析模型

■城市环境体验

城市环境既是一种客观存在的空间形式，又是一种主观创造的景观。城市环境是与城市整体互相关联的人文条件和自然条件的总和，前者由经济、政治、文化、历史、人口、民族和行为等基本要素构成，后者则包括地质、水文、气候、动植物和土壤等诸多要素。

日本大阪心斋桥

■建筑与建成环境的切入与引领

建筑与建成环境为人类活动提供了人造场所。对建筑与建成环境的设计与处理涉及多个学科的知识，容纳了建筑学、景观设计、环境心理学、城市规划、交通工程、室内设计和工业设计等学科之间的交叉与协作。

让·努维尔设计的巴黎音乐厅的入口

柯布西耶住宅模型。可对照实际图纸建立分析

测绘与绘制■

建筑测绘是认识和调查研究建筑的重要途径，"测绘"就是"测"与"绘"，需要对实地实物的尺寸数据进行观测量取，根据测量数据与草图进行处理和整饰，最终绘制出完备的测绘图纸，进而了解建筑的构成、空间、尺度和细部构造。

呼和浩特大召建筑群

历史建筑测绘■

历史建筑测绘是保护、发掘、整理和利用古代优秀建筑遗产的基础环节。它运用测量和绘图技术来记录和说明古代建筑，为建筑历史与理论研究和建筑史教学工作提供了翔实的基础资料，为继承和发扬传统建筑文化、探索有中国特色的现代建筑创作提供了借鉴。

建筑制图方法■

建筑制图是为建筑设计服务的，在建筑设计的不同阶段要绘制不同内容的设计图：在建筑设计的方案设计阶段和初步设计阶段要绘制初步设计图，在技术设计阶段需绘制技术设计图，而在施工图设计阶段则需绘制施工图。

某建筑平面图

■平面图

建筑平面图是建筑设计和施工图中的重要组成部分。它是假想用一水平的剖切面沿门窗洞位置将房屋剖切后，对剖切面以下部分所做的水平投影图。平面图反映了建筑物的功能需要、平面布局及平面的构成关系，是决定建筑立面及内部结构的关键环节。

柯布西耶设计的巴黎学生公寓的平面图

■剖面图

建筑剖面图指的是假想用一个或多个垂直于外墙轴线的铅垂剖切面将房屋剖开所得的投影图。

剖面图用以表示房屋内部的结构或构造形式、分层情况和各部位的联系、材料及其高度等，是与平、立面图相互配合的不可缺少的重要图样之一。

巴黎歌剧院的剖面模型

■室内空间

室内空间是由面围合而成的，通常由六面体形成，六面体则由顶面、地面和墙面组成。

室内空间是建筑空间环境的主题，建筑以室内空间来表现它的使用性质。

亚瑟·埃里克森设计的大连开发区大剧院

■建筑篇

某公共建筑的立面构成

立面与形体■

立面一般指建筑物的外墙，尤其是正面，但亦可指侧面或背面。在建筑学中，建筑物的立面经常是其设计的重点。一座建筑物是否美观，很大程度上取决于它在主要立面上的艺术处理。

形体是指建筑物的总体轮廓。通过线条和形体、空间和实体的不同组合方式以及建筑与环境的和谐统一，可以突出建筑物独特的个性色彩和艺术感染力。

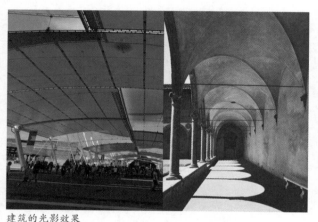

建筑的光影效果

建筑外部空间■

建筑空间是用墙面、地面和顶棚等建筑要素乃至用建筑物与建筑物限定的空间。建筑外部空间即城市空间，通常由建筑物的外墙面以及其他人为物和自然物围合而成，有时又被称为"没有屋顶的房间"。

皮亚诺设计的吉巴欧文化中心的钢木结合细节

比例与尺度■

比例是指建筑物各部分之间在大小、高低、长短、宽窄等数学上的关系。尺度则是指建筑物局部或整体对某一固定物件相对的比例关系。相同比例的建筑局部或整体在尺度上可以不同。

■材料与色彩

建筑设计使用的不同材料在不同的光照情况下所表现的色彩是不同的。建筑所使用的材料和色彩等要素决定了建筑的视觉效果，而建筑色彩的运用又以材料的选择为前提。

用材料、色彩和光影构建的场景

■结构体系

结构体系是由诸多构件如板、梁、墙、柱、杆和基础等构成，以各种方式相互连接所组成的一个能承受各种力学作用的完整空间体系。

所谓作用，是指能够引起体系产生内力和变形的各种因素，如荷载、地震、温度变化以及基础沉降等。

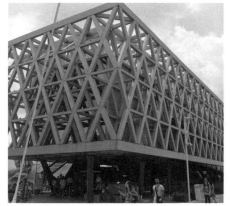

某木结构建筑构造

■结构基础

基础是指建筑物地面以下的承重结构，如基坑、承台、框架柱和地梁等。它是建筑物的墙或柱子在地下的扩大部分，其作用是承受建筑物上部结构传下来的荷载，并把它们连同自重一起传递给地基。

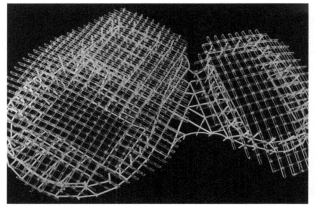

某体育建筑结构模型

建筑篇

同济大礼堂的肋拱券结构

建造材料是在建筑工程中所应用的各种材料。建造材料种类繁多，可分为结构材料、装饰材料和专用材料。结构材料包括木材、竹材、石材、水泥、混凝土、金属、砖瓦、陶瓷、玻璃、工程塑料和复合材料等；装饰材料包括各种涂料、油漆、镀层、瓷砖和具有特殊效果的玻璃等；专用材料指用于防水、防潮、防腐、防火、阻燃、隔声、隔热、保温和密封等用途的材料。

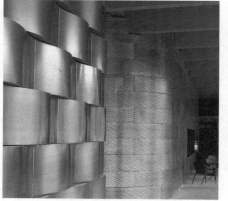

某建筑以铜板的立体构成为装饰主题

室内装饰材料■

室内装饰材料是指用于建筑内部墙面、顶棚、柱面和地面等的罩面材料。现代室内装饰材料不仅能改善室内的艺术环境，使人们得到美的享受，同时还兼有绝热、防潮、防火、吸声和隔声等多种功能，起着保护建筑物主体结构、延长其使用寿命以及满足某些特殊要求的作用，是现代建筑装饰中不可缺少的一类材料。

米兰世博会意大利馆混凝土制作的复杂建筑表皮

外墙材料■

建筑外墙材料按所使用的贴面材料和工艺的不同，通常可以分以下几类：

(1) 镶面类，如大理石板、花岗石板、陶瓷锦砖、玻璃锦砖和水磨石板等。

(2) 石碴类，如水刷石、干粘石和剁斧石等。

(3) 砂浆类，如水泥砂浆和聚合物水泥砂浆等。

■ 屋顶结构与材料

　　屋顶是建筑顶部的承重和围护构件，一般由屋面、保温（隔热）层和承重结构三部分组成。

　　屋顶又被称为建筑的"第五立面"，对建筑的形体和立面形象具有较大的影响，其形式将直接影响建筑物的整体形象。屋顶按排水坡度大小及建筑造型要求可分为坡屋顶、平屋顶及其他屋顶。

屋顶材料与屋顶结构

■ 计算机辅助设计

　　计算机辅助设计不仅可以应用于图纸的绘制中，也可以应用于复杂模型的建造中，比如利用多轴机械臂辅助制作模型。

机械臂在建筑模型制作中的应用

■ 基础绘图

　　建筑设计基础图纸应体现方案的设计深度，通常包括总平面图、平面图、立面图、剖面图、透视图和轴测图。为更好地说明建筑设计方案，还应辅以建筑模型与设计说明。

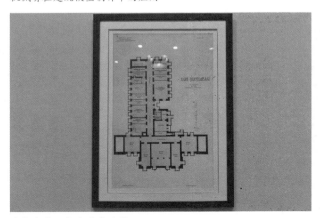

哈尔滨某历史建筑平面图

学生制作的聚落模型

模型建造 ■

建筑模型是一种以三维立体形式，采用纸、木材和塑料等多种材料，利用电脑、机械和手工技术，形象、具体地表现出建筑设计思想和效果的模型。建筑模型按用途可分为设计模型、表现模型、展示模型和特殊模型四大类。

浦东国际机场二号航站楼天窗

建筑物理环境 ■

建筑物理环境是指建筑室内空间与人体各物理环境要素的综合，包括建筑热环境、建筑声环境和建筑光环境三个部分。

舒适的建筑物理环境不仅是人对建筑的基本要求，还直接影响建筑的能源和资源消耗，进而影响建筑与环境的关系及人类社会的可持续发展。

竹钢结合的展示建筑细部

施工体系 ■

施工体系包括传统施工体系及工业化装配式施工体系。传统施工方式主要靠建筑工人采取现浇的方式进行，用工较多，工期较长，对资源和能源的消耗大，对环境的影响也较大。由于这种施工方式下的工程质量靠人工现场控制，而工人的素质又参差不齐，因此工程的质量安全难以得到有效的控制。

与传统施工方式相比，工业化装配方式具有品质稳定、节能环保和节省人工等显著优势，但在现阶段，成本仍然是制约其发展的重要因素。

■静态表现与动态表现

建筑静态表现又被称为效果图。效果图的作用就是在建筑或装饰施工之前，通过施工图纸，把施工后的实际效果用真实和直观的视图表现出来，能够让大家一目了然地看到施工后的实际效果。

动态表现通常又被称为建筑动画。建筑动画是指为表现建筑及建筑相关活动所制作的动画影片。它通常利用计算机软件来表现设计师的意图，在专业的计算机上制作出虚拟的建筑环境，包括地理位置、建筑外观、建筑内部装饰、园林景观、配套设施、人物、动物和自然现象等，以便观众对建筑空间进行感知。

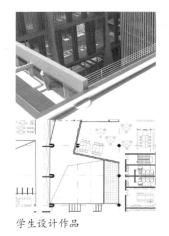

学生设计作品

■虚拟现实技术

虚拟现实（VR）技术又称灵境技术，是 20 世纪发展起来的一项较新的实用技术。从理论上讲，虚拟现实技术是一种可以借以创建和体验虚拟世界的计算机仿真系统，它利用计算机生成模拟环境，并使用户沉浸到该环境之中。虚拟现实技术利用现实生活中的数据，通过计算机技术产生的电子信号，将其与各种输出设备结合，使其转化为能让人们感受到的图景。这些图景可以是现实中真真切切的物体，也可以是我们肉眼所看不到的物质，它们都可以通过三维模型被表现出来。

■建筑制图规范

为了保证制图质量，提高制图效率，做到图面清晰、简明，符合设计、施工和存档要求，适应工程建设的需要，制图者须遵守建筑制图规范。规范对格式、图线、比例、图例、图样画法、文字、尺寸和标注等都给出了相关的规定和标准。

■节点详图

为满足施工要求，设计者会将建筑的细部构造用较大的比例图纸详细地表达出来，这种图纸称为建筑的节点详图，有时也叫大样图。详图通常包括墙身详图、楼梯详图及其他在建筑设计中大量重复出现的构配件和构造做法图纸等。

建筑节点的放大模型

平立剖制图 ■

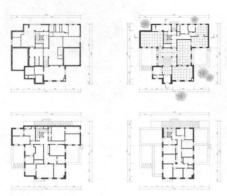

学生所绘维根特斯坦住宅平面图

平面制图要反映建筑的平面形状、房间大小、功能布局及位置等；立面制图要反映房屋各部位的高度、层数、门窗形式及屋顶造型等建筑外貌和外墙装修要求，是建筑外装修的主要依据；剖面制图则需要表达房屋的结构形式、分层情况、竖向墙身及门窗、楼地面层、屋顶檐口等的构造设置及相关尺寸和标高。

分析图 ■

某建筑设计分析图

设计过程中的分析图，是建筑师在正式图纸之外对建筑进行图解表达的手段。建筑设计要结合环境、空间、功能和结构等系统要求来构建空间系统。建筑师应从城市空间关系、文脉和自身的空间哲学等多个层面进行组织。另外，建筑的各项独立要素也要被充分表达出来。

效果图 ■

某实景合成效果图

建筑室内外空间的最直观表现方式是绘画与摄影。将设计方案的建成效果以图像的方式进行展示，不仅可以使外界对建筑形成最直观的印象，同时也可以使设计师直观感受到设计方案的接受度。不论是手工绘制的还是电脑渲染的效果图，都可以传递出建筑设计的意境与品位。

第九章
建筑职业构成

建筑是一种冒险。

——雷姆·库哈斯

某工业设施更新设计

以创意为主导的先锋设计■

创意是建筑设计的存在根本。除了要使建筑物在物理层面满足功能使用的要求外，建筑师更要着眼于探索建筑形态新的可能性。它是与社会技术需求发展同步的，社会需要各种尝试，建筑的使用方式也需要有思想备份，外部技术在建筑领域中的应用也需要探索。数千年形成的建筑历史文脉和百年来技术环境下争奇斗艳式的风格流转，都刺激着建筑师将精力集中于创新性、探索性设计方式与个人创作风格的表达方面。国际上建筑设计事务所原本就有规模小而灵活、创意度高的特点，近年来国内也涌现出很多以少数建筑师个人创作为主导的设计机构。

以地域乡土为主导的建构设计■

探索性建筑设计的类型除了有对新材料、新技术和新观念的运用以及先锋性、前瞻式的设计之外，还有一种类型为相当大的建筑师群体所关注，那就是地域乡土建筑设计。

虽然现代建筑具有一定的普遍性和全球化性质，但地方发展过程中所积累的地域建筑文化与心理，即使在今天仍然有着广阔的应用空间。对人文属性的关注与表现是建筑多维视野的体现。地域乡土建筑并非简单地复制历史建筑与民居，而是力求在现代社会体系内满足当前的建筑使用需求，同时利用地域建筑的形制、格局、材料、构造、形象及语汇进行重新建构，其本质上仍然是现代建筑的构成部分。同时，建筑师对传统建筑的重组再造、对传统材料工艺的利用方式及对建筑的现代转化与探索，也进一步丰富了现代建筑语言的构成。

国有大型设计机构■

新中国在建设过程中组建了由国家部委或省、市相关部门进行管理的大型设计机构，它们中除了有常规的民用建筑设计院之外，还有很多按工业类别进行划分的综合设计院。这些大型设计院历史长，机构完善，有着各自的设计运行传统，现在也依然是我国建筑设计行业的主力机构。中国建筑设计研究院、北京市建筑设计研究院和华东建筑设计研究总院等，规模都在数千人左右，能够承担大型公共建筑的设计与技术服务工作，如北京奥运会的鸟巢、水立方等场馆和多地的机场、高铁站及大型文化设施等。

某设计机构工作场景

■民营大型设计机构

民营设计机构是一个与国有设计机构相对应的概念。不同于国有设计机构规模庞大、专业齐备的特点，早期的民营设计机构以建筑专业为主，有些甚至只配备了建筑专业，业务范围通常只局限于项目前期的方案设计部分，项目的深化设计部分（如初步设计及施工图设计）通常交由国有设计机构来完成。

随着近些年国内建筑市场的繁荣，逐渐出现了一批规模较大、专业配备齐全、资质完备的民营大型设计机构，它们在民用建筑设计领域承接业务的范围及深度已与国有设计机构差距很小，如上海天华建筑设计有限公司、广东华阳国际设计集团、成都基准方中建筑设计有限公司等。

■著名建筑师工作室

优秀的建筑设计作品在业内外时常有传播效应，建筑师的个人创作特征会在建筑这一公共艺术产品上得以放大，由此产生了著名建筑师。著名建筑师往往具有鲜明的个人特征，其委托人可能需要根据建筑师的时间安排和工作节奏来进行建设，设计的风格也会更加体现建筑师的个人意图，或者说建筑师在设计中会有更大的自由度，而较少受制于委托人的想法。

著名建筑师的设计对象有时并不是社会生产所急需的产品，但其在风格探索上所形成的设计语言，往往会在社会上得到传递，并被进一步转移到一般性建筑的设计中，形成示范效应。同时，著名建筑师的设计经历与传奇色彩也会形成培训会一般的工作气氛，带动青年建筑师们跟随大师的脚步，努力提高个人的创作能力。

■小型专项设计机构

建筑设计的对象千差万别，对于特定类型的建筑，会有较强的技术要求和该类型建筑特有的使用规律。一些设计机构针对特定类型的建筑已形成长期的经验与技术积累，该类型建筑的某些现有设计机构甚至已对委托方群体形成了自己的品牌效应，其大量已建成的优秀案例更使新接触的业主能够直观、全面地了解其建筑意图和建造方式。这一类设计机构只针对某种类型的建筑展开设计研究，如医院、特殊教育建筑、体育观演建筑和高级酒店等。

另一种专项设计机构仅针对建筑设计流程中的某个环节展开专项设计，如绿色节能、人防和智能化等，而建筑设计的其他流程则由其他机构完成。将专业环节委托专项设计机构的做法更能使其发挥技术专长，并进一步推动该专项的发展与应用。

大型专项设计机构■

在社会生活中，除日常生活中常见的住宅、商场、办公楼、学校和酒店等建筑类型之外，还有一些规模较大、技术较为复杂或非民用的建筑设施，如机场、火车站、港口航道、桥梁隧道和大型工厂等，这类建筑的设计与建设通常会由相关的大型专项设计机构进行，如中国航空规划设计研究总院、中交公路规划设计院、中船建筑工程设计研究院等。

以社会服务为主导的城市开发机构■

城市开发机构指的是由地方政府及其相关部门和机构等通过财政拨款或注入土地、股权等方式设立的，承担地方政府投资项目融资、城市基础性设施建设和房地产开发与经营任务并拥有独立法人资格的经济实体，如武汉市城市建设投资开发集团有限公司，其下还设有包括水务集团、燃气热力集团、城投房产集团等在内的二级单位，其中城投房产集团为建筑学专业学生就业方向之一。

城市规划设计机构■

这类机构指主要从事规划编制工作的设计院。根据规划行业资质的不同（甲级、乙级，甲级高于乙级），该类设计院主要从事总体规划、控制性详细规划以及修建性详细规划等的编制工作。通常规划设计院也需要一些建筑学专业人员进行规划编制的配合工作，有些规划设计院甚至可以同时开展建筑设计业务。国内知名的规划设计院有中国城市规划设计研究院、同济城市规划设计研究院等，各省、市也有相应的规划设计院，如山东省城乡规划设计研究院和上海市城市规划设计研究院。

房地产专项设计机构■

这类机构指主要服务于住宅房地产开发企业的设计公司，该类公司通常以某一地产公司为其主要服务对象，配合该地产公司进行项目成本测算、产品研发设计等工作，如绿城建筑设计有限公司的主要服务对象为绿城集团，广东博意建筑设计院主要服务于碧桂园集团。

商业专项开发机构■

这类机构指主要从事商业地产开发的公司，其业务主要包括大型商场、酒店、办公楼、主题游乐园、特色旅游小镇的开发等，如万达集团、新城控股集团。

城市规划与城市管理机构■

这类机构指的是以往通俗说法中的城市规划局。规划局属于行政机关，其下属机构有城乡测绘所、城建档案馆和建设勘察设计院等。规划局的主要职能为拟订辖区城镇发展战略以及城镇规划政策和规章制度；参与国土规划和区域规划的编制；负责城乡规划设计和对建筑、勘测设计的管理；负责城镇规划的审批和报批工作等。随着新一轮生态文明体制改革和国土空间规划编制的展开，各地方城市原城市规划局已更名为自然资源与规划局。

海外工程■

在经济全球化的大背景下，部分中国企业结合自身发展需求，在中国境外承接了一些工程建设项目，如中国铁路工程总公司、中国铁道建筑总公司、中国水利水电建设集团、中国建筑集团等大型国有工程建设公司，它们都开展了相关海外业务。通过中国企业多年的努力，境外已涌现出一批中国企业承接建设的优秀工程，如中巴经济走廊、尼日利亚高速铁路和阿尔及利亚高速公路等。

■工程总承包的一体化

工程总承包是项目业主为实现项目目标而采取的一种承发包方式。从事工程项目建设的单位受业主委托，按照合同约定对从决策、设计、采购、施工到试运行的建设项目发展周期实行全过程或若干阶段的承包。国有企业和政府投资项目原则上要配备由工程总承包项目经理和总承包项目管理师作为总负责人的工程总承包管理团队，进行工程总承包的建设实施。工程总承包可分为三种模式：EPC 总承包、EPCM 总承包和 DB 总承包。

■总部研究院

总部研究院从集团整体发展战略的高度出发，负责组织对拟开发项目的地块分析、投资分析、开发思路等；负责组织项目开发的前期规划工作，提出项目总体开发策略；负责组织概念规划设计，提出项目开发的具体实施步骤，并组织相关部门讨论；负责拟定项目设计任务书，并组织项目的总体规划和单体建筑、环境景观的设计，并主持方案评审。

■总部设计管理

这一工作从集团整体发展战略的高度出发，整体协调总部与各分公司的工作，分析市场，进行产品规划定位，对地块进行整体布局和规划，并根据项目定位寻找合作伙伴，落实设计方案，整合各方资源，全程控制管理项目设计，包括设计单位的落实、任务书的拟定、设计合同的洽谈、设计招投标、设计的过程管理、图纸审核、设计交底以及与设计院的沟通联系等。

■项目设计管理

这一工作以项目为载体，整合各类设计条件及资源，协调公司内外各部门之间的工作，合理掌控项目进度，执行总公司确定的产品设计策略，优化细节设计，优质高效地完成目标的转化输出，在建设成本受控的条件下，实现产品的创新。

■施工管理

这一工作具体负责项目的工程技术管理，既参与项目策划和规划设计，配合其他部门组织招标等前期工作，又负责后期具体的工程管理工作，包括项目进度的管理、工程造价的控制和工程的竣工验收等。

上海中心的地下工程体现了复杂的施工技术

■ 建筑篇

昆明金马碧鸡坊是城市历史风貌的代表

历史风貌建筑设计■

该工作的内容是保护或整修具有时代特色和地域特色的建筑，具有异国建筑风格特点的建筑，著名建筑师的代表作品，在革命发展史上具有特殊纪念意义的建筑，在产业发展史上具有代表性的作坊、商铺、厂房和仓库等，名人故居及其他具有特殊历史意义的建筑。

教育与研究■

教育与研究是建筑专业的一个重要工作领域，它维系着专业自身的知识技能传递，确保建筑专业能适应社会发展的要求。同时，建筑体系内也有大量的分项技术工作需要有建筑学知识背景的人进行专门的研究与扩展，如对建筑设计技术规范在设计实践应用的基础上进行归纳、总结等。

某建筑院校的图纸与模型展示

建筑院校■

国内建筑院校承担着教育与研究的基本职能，它们对未来建筑师进行培养教育，以使其具备专业知识体系与设计技能，并能在建筑历史、建筑理论、建筑构造、建筑物理、建筑材料等领域进行专门研究。研究生在院校中的学习需要针对上述门类跟随导师专项进行，以形成通识基础上的专门研究能力。

某利用工业遗产改造的建筑系馆

第十章
建筑师的教育、成长与未来

过去我认定有无重力的物体存在，现在我已确信，建筑可以无重力地漂浮。

——扎哈·哈迪德

■ 建筑篇

麻省理工学院教学楼

建筑教育由专业性教育和研究性工作两种成分构成，目的是使学生能够从事建筑设计实践和研究性工作，并在具备设计能力的基础上针对专门理论与技术问题进行学习与研究。建筑院校都是以专业性教育为基础的，并在不同程度上展开研究型人才的培养。

本硕博的培养■

东南大学校园

27所院校及中国建筑设计研究院拥有建筑历史与理论专业硕士点，只有老八校（清华大学、同济大学、东南大学、天津大学、哈尔滨工业大学、华南理工大学、重庆大学和西安建筑科技大学，顺序不分先后）有博士点；22所院校有建筑学硕士授予权，48所院校和中国建筑设计研究院拥有建筑设计及其理论专业硕士点，其中老八校、华中科技大学、浙江大学、湖南大学、大连理工大学和南京大学有博士点；26所院校和中国建筑科学研究院拥有建筑技术科学专业硕士点，只有老八校有博士点。

国内建筑院校的发展与构成■

由建筑系教师设计的同济大学中法中心

国内建筑院校的代表是办学历史时间长、教学传统与科研能力深厚的八所院校，也就是老八校。其中，清华大学、同济大学、东南大学和天津大学为老四校，其学术和社会影响力广，国内许多建筑院校的开办都与上述院校的师资学脉相关；哈尔滨工业大学、华南理工大学、重庆大学和西安建筑科技大学四所院校则在各自深厚历史的基础上，围绕地域特点展开其学科建设，形成了自己的特色，如哈尔滨工业大学的寒地建筑、华南理工大学的亚热带建筑、重庆大学的山地建筑和西安建筑科技大学的西部建筑。

■国外知名建筑院校

剑桥大学建筑学院是全英历史最悠久、最著名的建筑研究中心。伦敦大学学院巴特莱特建筑学院是伦敦大学学院最负盛名的学院，也是世界上最具影响力的建筑学院之一。巴特莱特建筑学院在建筑学、城市规划、景观设计和建筑项目管理等专业方面拥有全球化的"明星"师资力量。苏黎世联邦理工大学也是顶尖的理工大学之一，建筑构造与建筑设计的紧密结合作为该校的重要教学特点之一，已形成了既独立、自成体系又多方向探索的特色。代尔夫特理工大学的建筑学院是荷兰历史悠久、享誉世界的建筑院校。

斯图加特大学模型工作室

哈佛大学建筑系于 1913 年成立，后以建筑学、城市规划与景观设计三大专业组建了设计学院，陆续培养出贝聿铭、菲利普·约翰逊、桢文彦等杰出建筑师。学院非常重视培养独立思考能力和解决设计相关问题的能力。麻省理工学院（MIT）建筑系是美国第一个正式的建筑院系，其建筑设计教育的最大特点就是跨学科和交叉应用，为学生提供不同的思考维度，从而使他们的视野更加开阔。加州大学伯克利分校建筑系坚持的多学科合作和尊重实验的原则体现在其创新教学、学术研究、关键设计查询和综合实践活动中，学生在建筑设计与表现、建筑技术与建筑性能、建筑史和社会学等方面都能打下坚实的基础。

哥伦比亚大学

■建筑师的终身学习与成长

注册建筑师是指依法取得注册建筑师证书并从事房屋建筑设计及相关业务的人员。注册建筑师制度是建筑设计人员职业技术资格认证和设计行业管理的一种国际惯例，是得到国家实践证明的一种建筑设计行业管理方法，包括严格的资格审查与考试制度、注册制度和相应的管理制度。注册建筑师的执业范围包括建筑设计、建筑设计技术咨询、建筑物调查与鉴定以及对项目进行施工指导和监督等。

我国的注册建筑师级别设置分为一级注册建筑师和二级注册建筑师，其中一级注册建筑师级别为国际相互承认注册建筑师资格和相互开放设计市场提供了前提条件。想要成为注册建筑师需要参加全国统一的考试。为确保注册建筑师的质量，制度对一级、二级注册建筑师接受专业教育的学历、职业实践和年限等都做出了具体的规定。

■ 建筑篇

职业建筑师指导学生的课程设计

某大型设计机构工作空间

职业生涯■

建筑师的职业生涯可分为三个阶段：一是毕业后1~3年内，理论结合实际，把学校的专业知识变成工作技能，从助理设计师提升至设计师；二是毕业后3~6年内作为项目负责人学习项目的整体把控能力，从设计师提升至主创设计师，从经验人士转变为行业专家；三是此后要多方面补充知识与技能，如市场趋势、客户沟通能力和团队管理能力等。同时，必须按照职称及注册要求完成相关专业的自我学习和成长。

设计实践与工程实践■

设计不是做游戏，而是一种职业训练，目的是为工程实践打基础，这就像运动员的各种训练一样，每一种训练都要达到预期的效果。设计实践和工程实践是建筑的两条腿，只单纯地进行设计构思而不与实际工程项目结合，就会使建筑与绘画等纯艺术门类无异。建筑的思想性必须以建筑的工程性为载体。

实践与理论研究的关系■

实践与理论研究是相辅相成的，我们在实践中发现问题，再回到理论中寻找答案。对设计实践作品要参照理论进行点评衡量，作品的内在关系、审美水平、信息传达的准确性和是否适用需要参照理论和设计规律来衡量评定。实际设计项目作为练习课题使学习者不仅能充分了解项目的设计流程和注意事项，还能在项目中发现设计的更多可能性，使理论与实战充分融合，被学习者更好地理解、消化和吸收。

建筑行业的未来与挑战■

未来的建筑行业将转型，建设量会减小，设计建造水准需要提高，个性化需求会被重视，旧建筑改造的比例将增大。曾经的劳动密集型和技术密集型做法已远远不够，互联网思维需要被运用到建筑行业中来，甚至随着中国国际地位的提高，越来越多的国外大师和国际建筑事务所都会来参与中国项目的投标竞赛。未来中国的建筑从业者面临的将是全球同行的竞争，这可以说是前所未有的巨大挑战。

■快速发展状态下的饱和建造和改变

如果说过去十几年建筑行业的爆发式增长解决的是"有没有"的问题，那么接下来的很长一段时间内，增长所要解决的都将是"好不好"的问题。过去的开发模式是粗放的，未来的发展将是精细化和差异化的。定制服务将会是趋势，产品不再是以往的商业复制品，而需要针对个体进行专门设计，这就需要大量的设计从业人员，同时工序上从业人员也将越来越细分化、专业化。

上海金茂大厦幕墙细节及擦窗机

■环境友好型建筑

环境友好型建筑强调在建筑的整个生命周期中，在建造和流程上保护环境并提高资源使用效率。环境友好型建筑的含义既包括建筑的材料能够被回收利用或再生，又要求建筑的采光、采暖、通风和上下水等要尽可能地采用自循环的能源利用方式，减少对城市管网的依赖，并最终以实现零能耗为目标。

新加坡港区某建筑

■人类未来的栖居模式

未来，将会有越来越多的人喜欢居住在郊区。这一方面是因为现在的交通非常方便，人们居住在离城市中心半个小时车程内的地方将会比居住在城市中心更加舒适；另一方面则是因为房屋建筑价格的降低，尤其是装配一体化这种新型建筑模式的出现，会让越来越多的人开始敢于想象，凭借自己的努力，在城郊建造一栋属于自己的房子。

米兰某高层公寓

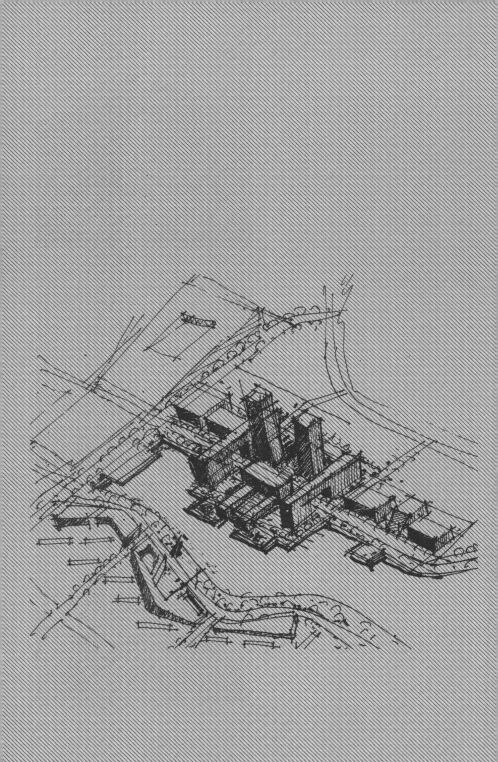

规划篇

城乡是人类栖居的环境载体

第十一章

城乡概说

对于一个城市来说，最重要的不是建筑，而是规划。

——贝聿铭

■城市的定义

城市从字面意义上来拆解，即"城"与"市"的复合。"城"指为了防御目的，用城墙等围起来的地域，"内为之城，外为之郭"；"市"指进行交易的场所，"日中为市"。"城"＋"市"是城市原始的形态。

从起源类型上说，城市可进一步划分为因"城"而"市"以及因"市"而"城"两种类型。前者为先有城后有市，市在城的基础上发展起来，此类城市多见于边疆要塞；后者由市的发展而形成，即因商品交换繁荣与人流集聚而发展起来的城市。此类城市较为常见，是人类经济发展到一定阶段的产物。

城市的出现，是人类走向成熟和文明的标志，也是人类群居生活的高级形式。我们通常所说的城市，即城市聚落，其行政管辖区包括居住区、公共管理与服务区、商业区、工业区、物流仓储区以及城市绿地与广场等。

大连友好广场

■乡村的定义

相对于城市，一般认为乡村是居民以农业为主要经济活动，且人口较分散、社会结构较简单的非城市化地区，其聚居规模较小，通常包括农舍、牲畜棚圈、仓库场院、道路、水渠、宅旁绿地以及农业生产的附属设施等空间要素。根据其行政属性的不同，乡村可分为自然村和行政村，前者是村落实体，后者是行政实体。

大连金州某乡村（一）

注：本篇第十三章图片由栾滨提供；其他章图片由肖彦提供。

■ 规划篇

大连国际会议中心

城市的功能与特点 ■

　　城市的功能，即所有城市功能区的功能集合，这些功能区彼此联系、相互促进，形成了现代城市的多种功能。城市的每个功能区都有自己所承担的主要功能，譬如工业中心的生产功能、科教基地的文化功能、贸易中心的商业功能以及信息中心的服务功能和管理功能。随着社会分工进一步细化，城市功能得到不断的完善。从农业社会到工业社会，再到信息社会，社会需求不断提高，城市功能不断变化、叠加与多样化，推进了城市发展的过程。城市功能具有协同性和开放性等特点。

大连金州某乡村（二）

乡村的功能与特点 ■

　　乡村是以农业生产为主体的地域，聚居了大量以从事农业生产为主的人口，其功能以农业生产为主，并且农业生产用地在整个土地利用结构中占较大比重。我们通常把人类聚落划分为城市与乡村两大类别，但不论是何种聚落还是何种文化、经济活动，城乡都是一个有机整体。随着社会生产力的发展，在城乡一体化进程中，传统乡村的功能正在逐渐转化，表现为经济上从农业向非农业转型，乡村与城市之间的分界也日趋模糊。因此，乡村具有动态性、相对性等特点。

88

第十二章

人与城乡

> 乐者，天地之和也。礼者，天地之序也。和，故百物皆化。
>
> ——《礼记·乐记》

人与城市■

人既是城市的建设者，又是城市的居住者、使用者。在城市发展历程中，人的行为与人的需求都尤为重要。从各个国家与城市的发展历史与经验来看，城市化进程伴随着人口的不断集聚，城市的发展对工业和人口进一步集聚形成了巨大的吸引力。工业化与城市化共同推动城市进入高速发展时期。

人作为城市的主体，其主观意识与思想行为会对城市的发展产生重大的作用。城市与人并不是各自独立存在的，城市建设要坚持以人为中心，满足人们的生产、生活需求，给人们提供更适宜的创业就业条件、休闲文化场所、居住环境和交通便利，让人民群众生活更幸福，不断增强人民群众的获得感、幸福感、安全感。好的城市环境、完善的基础设施可以使人生活得更加愉悦，这种情绪也可以使人产生更好的进行城市建设的愿望与能力，充分调动人参与城市建设的积极性、主动性和创造性，激发城市的内生动力。城市应成为生产率更高、生活条件更好、社会更和谐、文化更丰富、环境更适宜、安全更有保障的居民聚居地，而且能够以其强大的实力带动城乡发展一体化。

大连俄罗斯风情街某建筑

人与乡村■

人作为乡村的重要主体，是推进乡村建设的重要力量。相对城市而言，乡村具有封闭性与内向式发展的特点，这决定了血缘和地缘是乡村居民最为主要的人际关联模式。城乡一体化的不断推进以及现代商品经济活动涌入乡村，打破了乡村原有的封闭性。近年我国乡村形成了大量以农民经营为主的农家乐，民宿，认种、认养、认购等乡村休闲旅游形式。同时，伴随农村消费市场的扩大，农业与其他产业的融合发展将为乡村振兴注入新活力，满足人们休闲旅游消费的新需求。

乡村绿色发展是生态文明时代乡村振兴的必然选择，是解决城乡发展矛盾的现实要求。提升绿水青山环境品质，统筹山水林田湖草生态系统，遵循自然规律，采用生态种养，发展农业绿色，增加生态农产品供给，将资源优势、生态优势转化为经济优势，打造人与自然和谐共生发展新格局，是乡村振兴和产业升级的有效途径。

乡村不应只有蓝天白云和清新的空气，还要有完善的基础设施和便利的人居条件。乡村振兴需要进一步优化村庄发展空间，综合治理环境，改善农村环境卫生和村民生活质量，打造出安居乐业的美丽乡村。

大连海岛乡村

■城乡与自然

工业化进程和城市化进程的不断加快，促使人与自然、城乡与自然的关系发生变化。正确处理好发展与保护的关系，实现人与自然、城乡与自然和谐共生与可持续发展，需要从人类经济活动与自然的关系角度来关注城乡可持续发展问题，这涉及自然资源的利用和生态环境保护问题，以及人类各种经济、政治、文化和社会活动与城乡自然资源、环境的和谐发展。

一方面，城乡建设为人类的生活、生产提供基础性和持续发展的物质空间环境，对城乡经济、社会文化发展等方面起到重要作用；另一方面，城乡与自然的物质交换愈发频繁，对自然的影响问题也愈加凸显，这种影响一旦超出自然环境承载能力，就会给城乡建设带来诸多难题，导致发展不可持续。因此，在城乡规划和建设的同时，必须保护自然资源，改善城镇生态环境质量，破解环境治理难题，不断提升城乡可持续发展能力。同时，把握好城市与乡村的关系，走新型城镇化道路，提高城乡建设水平，建设人与自然和谐相处的美丽城乡。

■城市与文明

城市是人类文明最为集中的物质载体。追溯过往，很多闪耀在历史上的光辉文明，大都因一座城市被人们铭记——古西亚的巴比伦城、古希腊的雅典卫城、古罗马的罗马城；文艺复兴时期的佛罗伦萨、古典主义时期的巴黎；盛唐时期的长安、明清时期的北京……这些城市承载着不同时期人们的生活。不论人类如何繁衍更替，古老的城市都以其真实的存在展示着过往的生活。

今天，现代文明催生的现代化、智能化城市一次又一次刷新着人们生活的速度，提高人们生活的效率。很难说是城市的发展带来了生活的改变，还是生活的改变促进了城市的发展，二者互为因果。城市规划设计师以其目光所及引领城市的未来，他们关注城市生活的所有群体，尤其是弱势者。如果说建筑艺术突破生活的上限，那么城市规划就是在守护生活的下限。在城市规划史上的大师们，无一不是全能型的人才。他们都拥有相比其他专业更广阔的视野和更博大的胸怀。霍华德、盖迪斯、芒福德，他们以思想引领城市、引领时代上百年的发展方向。城市是文明刻在大地上的史书，城市规划师以笔为刀，描绘城市的未来、文明的方向。

■城市与建筑

城市与建筑是相辅相成、共同促进的关系，两者既有交叉，又分别独立发展，城市是无法脱离建筑而单独界定的。

从城市的产生来看，早期城市的形成与发展依赖于建筑。人类从早期的居无定所到为了抵御野兽的侵扰而修建人工构筑物，后来逐渐筑起高墙，形成城市的防御功能，可以说早期城市的形成与发展和建筑密不可分；从空间属性上看，建筑单体围合成街区，在此基础上组织构成了城市，城市空间包含建筑空间，连续的地标建筑构成了城市天际线。城市环境形态与建筑形态是图底关系，城市空间包围建筑，建筑围合出城市开敞空间，建筑与城市是相互衬托、相互围合的关系；从文化层面上看，城市建筑与城市文化有着密切关联，一方面建筑折射了城市文化，另一方面又影响着城市的发展。建筑是城市文化的重要组成部分。建筑还具有鲜明的地域属性，受不同地区、气候条件影响，呈现不同的形态特征，体现特定地域的生活习俗与地方文化。

第十三章
城乡规划与发展

　　城市必须不再像墨迹、油渍那样蔓延。一旦发展，它们要像花儿那样呈星状开放，在金色的光芒间交替着绿叶。

——帕特里克·格迪斯

城乡规划的历史作用

■西方近代城市规划

近代工业革命给城市带来了巨大变化，同时也给城市带来了种种尖锐的矛盾，诸如居住拥挤、环境质量恶化、交通拥挤等。资本主义早期的空想社会主义者、改良主义者和城市建设工作者都提出了种种设想，到19世纪末20世纪初，逐步形成了有特定的研究对象、范围和系统的现代城市规划学。后期又产生了诸多城市理论，如田园城市理论、卫星城镇理论、邻里单位理论等。第二次世界大战之后，在新的经济和社会发展形势下，又出现了有机

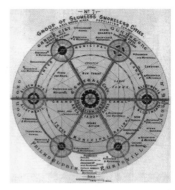

霍华德"田园城市"方案

疏散思想、理性主义规划理论、基于社会批判的规划理论、基于全球化的规划理论和环保主义规划理论等。这些理论和实践虽然有自身的时代局限性，部分也受到了不同方面的质疑，但总的来说代表了西方城市发展过程中的思考和应对，对近代以来的城市发展和经济社会建设起到了重要作用。

■中国古代城市

城市的形成是人类文明史上的一个飞跃。城市的早期发展是人类对居住环境进行改造的过程。在中国陕西省的新石器时代聚落姜寨遗址，先人就在土地利用、建筑布局、公共空间及防御设施等方面巧妙经营，这是我国居住环境规划的萌芽。

我国先秦典籍《管子·乘马》中记载："凡立都，非于大山之下，必于广川之上。高毋近旱而水用足，下毋近水而沟防省。因天材，就地利，故城郭不必中规矩，道路不必中准绳。"意思是

陕西姜寨遗址复原模型

城址选择不在高山之下，就在平原之上，水源适宜，就近取材，以减少人力、物力负担，城垣走向、城内交通、建筑布局等也都应当因地制宜地布局。这体现了尊重自然、灵活务实的早期规划方法。

而《周礼·考工记》则提出："匠人营国，方九里，旁三门。国中九经九纬，经涂九轨，左祖右社，前朝后市，市朝一夫。"意思是营建都城以九里见方，每边三门，都城中东西、南北各有九条大道，每条大道可容九辆车并行。王宫左边是宗庙，右边是社稷坛，前面是朝，后面是市，各为百步见方。这反映了中国古代哲学思想在都城建设规划领域的渗透。

随着我国古代农业社会的成熟和封建政治体制的完善，城市也相应地出现了与之呼应的更复杂形态和营造手段。中国古代城市规划的知识组成糅合了儒、道、法等各家思想，既讲求天人合一、尊重自然的原则，也有卫君守民、远近交通的现实作用，还有因形取势、主次分明的文化意向。由此产生了唐长安、宋汴梁、元大都等一系列伟大都城，出现了泉州、成都、平遥、景德镇等灿若繁星的地方城市，形成了北方村落、江南水乡和民族堡寨等各地丰富多样的聚落形态。

改革开放后的中国城市建设 ■

中华人民共和国成立以后，中国城市从旧中国半封建半殖民地消费性城市转变为社会主义生产性城市。城市面貌取得了翻天覆地的变化，城市教育、科学、文化、卫生、体育事业有了很大发展，城市交通、饮水、供电等基础设施得到极大改善。

而随着改革开放后工业化、现代化的进程，中国城市化成为世界上的奇迹。一些经济学家认为，中国的城市化足以成为 20 世纪影响人类进程的大事之一。城市的崛起使中国国土空间经历了重大重塑。至 2018 年，城市建成区面积与城市建设用地面积四十年来分别增长 7.44 倍和 7.88 倍。

北京 ■

北京天坛

北京是中国政治、文化、科技和外交中心。在全球化浪潮中，北京具备了建设世界城市的潜力。改革开放以来，北京经济增长迅速，文化科技发达，城市建设日新月异，生态环境更加绿色宜居。首都发挥在国家经济管理、科技创新、信息、交通、旅游等方面的优势，不断增强城市的综合辐射带动能力，形成了传统文化与现代文明交相辉映、具有高度包容性、多元化的世界文化名城。

上海浦东 ■

上海浦东

浦东是上海现代化建设的缩影，是中国改革开放的象征。在短短二十余年间，一片农田、滩涂上建起了一座现代化新城区，实现了经济能级、城市功能、城市形态和社会发展等历史性跨越。通过开发浦东，上海这个经济中心城市得以充分发挥优势和作用，在发展自己的同时带动长江三角洲和长江流域经济的起飞，逐步形成经济特区向沿海开放城市、沿海开放区，并向内地逐步推进、渐次发展的格局。

深圳 ■

深圳人才公园

深圳是我国第一个经济特区，是改革开放的前沿阵地、窗口和新兴移民城市，创造了举世瞩目的"深圳速度"，形成了现代化城市的规模和格局，城市基础设施进一步完善，城市功能不断增强。深圳青春、前卫，富有朝气与活力，被誉为"中国硅谷"，在中国高新技术产业、金融服务、外贸出口、海洋运输、创意文化等多方面占有重要地位，也在中国的制度创新、扩大开放等方面肩负着试验和示范的重要使命。近年来，深圳的竞争力一直高居全国前列，并成为全国乃至亚太地区重要的金融中心。

城乡规划的现实作用

在当代社会，人们越来越认识到城乡规划是一项系统工程，涉及社会、经济、环境等多方面。对城乡规划的操作过程包含了多项综合手段，有对宏观经济的调控、对公共利益的保障、对社会公平的维护和对人居环境的不断改善，能够体现社会主义物质文明、精神文明、政治文明和生态文明的进步。

■千年大计——雄安新区的建设

北京大兴国际机场

雄安新区位于京津冀地区核心腹地，区位优势明显，交通便捷通畅，生态环境优良，资源环境承载能力较强，发展空间充裕，具备高起点、高标准开发建设的基本条件，是继深圳经济特区和上海浦东新区之后又一具有全国意义的新区。

设立雄安新区对于集中疏解北京非首都核心功能、探索人口经济密集地区优化开发新模式、调整优化京津冀城市布局和空间结构、弥合首都与周围的工业与农村地区的经济差距，具有重大现实意义和深远历史意义。雄安新区在起步之初，就要同北京中心城区、城市副中心在功能上有所分工，实现错位发展，统筹生产、生活、生态三大布局，努力打造贯彻落实新发展理念的创新示范区，形成京津冀目标同向、措施一体、优势互补、互利共赢的协同发展新格局。

雄安新区

■粤港澳大湾区建设

粤港澳大湾区指的是由珠三角九市和香港、澳门两个特别行政区形成的城市群，是国家建设世界级城市群和参与全球竞争的重要空间载体。推进粤港澳大湾区建设会产生经济的放大效益，粤港澳大湾区要建设成重要的交通枢纽和全球创新高地。

珠三角地区正处于制造业和服务业协同发展的中级阶段，需要与港澳地区联动，才能获得更多的优化发展机会。而港澳两地则面临着土地不足、人口密集、经济结构较为单一和服务业发展较为缓慢等问题，需要通过与珠三角的更紧密合作才能寻求更多经济发展空间。所以，粤港澳三地的融合协作是今后国家打造更高水准的国际经贸和科技合作的新平台。

粤港澳大湾区城市群上升为国家战略，有利于协调好粤港澳三地内多中心城市的定位、分工和矛盾，将成功构建"一国两制"下区域协同发展的世界样本。

乡村振兴 ■

乡村振兴是党的十九大报告中提出的战略。实施乡村振兴战略，是解决新时代我国社会主要矛盾、实现"两个一百年"奋斗目标和中华民族伟大复兴中国梦的必然要求，具有重大现实意义和深远历史意义。

乡村是具有自然、社会和经济特征的地域综合体，兼具生产、生活、生态和文化等多重功能，与城镇互促互进、共生共存，共同构成人类活动的主要空间。我国仍处于并将长期处于社会主义初级阶段的特征很大程度上表现在乡村。

乡村振兴踏勘与调研现场

乡村振兴涉及重塑城乡关系、巩固和完善农村基本经营制度、深化农业供给侧结构性改革、传承发展提升农耕文明、创新乡村治理体系、打好精准脱贫攻坚战等多层面内容。全面建成小康社会和全面建设社会主义现代化强国，最艰巨的任务和最广泛的基础都在农村。

城市用地的存量提升 ■

我国的城镇化率已经超过 60%，大城市土地开发空间也日趋饱和，在严格的农田和生态保护线以及大城市划定城市边界的情况下，今后新增建设用地将较为有限。相比之下，存量土地的改造与提升对城市拓展发展空间十分重要，未来可进行改造的存量土地会成为大城市建设用地的主要部分。当前部分城市已经开启的城市更新政策，均以"存量规划"为主要内容，一方面严格控制新增建设用地的总量，鼓励盘活存量资产，释放优质土地资源；另一方面加大政策扶持力度，助推"工改工"发展，加快城市产业转型升级。从"增量扩张"到"存量更新"，从追求"有没有"转向解决"好不好"，是实现高质量发展的必然要求。存量用地的再开发是城市用地产权交易和利益重构的过程，涉及大量利益平衡和协商问题，需要尊重现状物权和公民的其他合法权益，容纳相关利益主体参与规划，遵守市场经济体制规律，探

苏州平江路

天津民园广场

索与推进渐进式、协作式和小尺度的城市更新方法，这对我国城市管理能力和规划设计体制来说，是一种考验和促进。

城乡规划的空间治理作用

城乡规划是涉及空间的全局性规划，空间治理是一个随着经济和区域发展而需要不断强化和修正的过程，是国家社会经济发展到一定阶段，为有效调控社会、经济和环境等要素而采取的必要空间政策工具，是对空间用途的管制和安排，是政府调控和引导空间资源配置的基础。

■ "十四五"规划中的空间治理战略

2021 年 3 月，十三届全国人大四次会议表决通过了关于国民经济和社会发展第十四个五年规划和 2035 年远景目标纲要的决议，其中提到以城市群、都市圈为依托，促进大中小城市和小城镇协调联动、特色化发展；发展壮大城市群和都市圈，分类引导大中小城市发展方向和建设重点，形成疏密有致、分工协作、功能完善的城镇化空间格局；优化提升超大特大城市中心城区功能，由大中城市承接超大特大城市产业转移和功能疏解；优化市政公用设施布局和功能，支持三级医院和高等院校在大中城市布局。

国土空间规划改革历程

■ 国土空间规划

2019 年，党中央、国务院正式印发的 18 号文件明确提出，建立国土空间规划体系并监督实施，将主体功能区规划、土地利用规划、城乡规划等空间规划融合为统一的国土空间规划，实现"多规合一"。过去的空间规划类型很多，同时各个规划之间相互协调不够，交叉重叠比较多。这次党中央、国务院明确将主体功能区规划、土地利用规划和城乡规划等空间规划融合在一起，形成了一个平台，即国土空间基础信息平台，使全国的国土空间规划"一张图"，可以解决规划类型多、内容重叠冲突、审批流程复杂、周期过长和地方规划朝令夕改等问题，从而使规划编制更加科学，实施监管更加严格。

国土空间规划体系

■ **规划篇**

城乡规划的未来作用

智慧城市与乡村——智慧生命体 ■

从第一次工业革命开始演化至今，各界对于城市与乡村的理解，从机器、有机体过渡到目前又提出的一个全新概念——生命体。

著名城乡规划学家、中国工程院院士吴志强的观点是，今天的我们正在经历一次与以往完全不同的数字革命，正以人工智能（AI）带动这条大、智、移、云、链，城市与乡村就好比突然间发育了大量的神经系统，神经系统上面有更重要的中枢神经系统，中枢神经系统上面有大脑、小脑进行感知。这一智能体系进入城市与乡村，就相当于生命体接入了神经系统。"城市正在变成一个高度发达、敏感的高级生物。当前，它正处于一个重要的从生命体到高级生命体的转变过程中。"

可以说，智慧城市与乡村就是以智慧的手段识别、以智慧的理念规划、以智慧的方式建设城乡，从而尽可能优化整合各种资源，使城乡生活便捷、适合人的全面发展。智慧城市与乡村是新一代信息技术支持下的空间形态。它基于全面透彻的感知、广泛存在的互联以及智能融合的应用，构建有利于创新的制度环境与生态，实现以人为本及可持续创新，塑造城市与乡村公共价值并为生活其间的每一位市民创造独特价值，实现城市与区域的可持续发展。

未来的城市与乡村——可持续生产和资源利用模式下的人类文明聚集体 ■

未来的城市与乡村是生产、生活、生态空间相宜，自然、经济、社会、人文相融的复合人居系统，是物质空间、虚拟空间和社会空间的融合。未来城乡规划设计需要顺应、包容通信和能源技术的进步，塑造更加高效、低碳、环境友好的生产、生活方式，推动空间形态向着更加宜居、生态的方向演进。广义的城乡规划，要面向中国与世界的科技、文化、政治和经济演化图景进行综合研究，为适应和调控未来城市与乡村的行动提供战略方向，引领城乡与人类发展走向可持续的未来。与此同时，随着城镇化的深度发展，中国城市很有可能成为全球重要的中心。中国可能会出现在科技、经济和文化等领域都很强大的城市群、都市圈和城市，也可能会出现全球最具个性或者最多样化的小城镇与乡村。中国城乡将为人类文明做出卓越的贡献。

未来城市设想

第十四章

为什么要学城乡规划？

人类用了 5000 多年的时间，才对城市的本质和演变过程有了一个局部的认识，也许要更长的时间才能完全弄清那些尚未被认识的潜在特性。人类历史刚刚破晓时，城市便已经发展到了成熟形式。要想更深刻地理解城市的现状，我们必须掠过历史的天际线去考察那些依稀可辨的踪迹，去探求城市远古的结构和原始的功能。这是我们城市研究的首要责任。

——刘易斯·芒福德

个人价值的社会实现 ■

　　随着我国新型城镇化战略的不断推进，城乡规划的地位越来越重要，也越来越被人们所认识，规划师也肩负了更多的社会责任。在规划过程中，规划师通过长期积累的实践经验丰富和提高自己，投身于国家城乡建设事业中，使自己的人生价值得到充分的实现，并在此基础上进一步实现人生的社会价值。个人实现的社会价值越大，对国家与社会的贡献就越大。对城乡规划师而言，社会价值与自我价值是不可分割的。规划师通过合理利用城乡土地、协调城乡空间布局、部署与安排各项规划建设，获得委托方的肯定，改善城乡居住环境，满足居民对美好生活的多样化需求，收获社会的尊重和认可，实现个人价值。

规划师的社会贡献 ■

吴良镛 中国科学院院士、中国工程院院士

　　吴良镛院士是我国著名的建筑学家、城乡规划学家和教育家，是人居环境科学的创建者。他长期从事建筑与城乡规划基础理论、工程实践和学科发展研究，针对我国城镇化进程中建设规模大、速度快、涉及面广等特点，创立了人居环境科学及其理论框架。该理论以有序空间和宜居环境为目标，提出了"以人为核心"的人居环境建设原则、层次和系统，发展了区域协调论、有机更新论和地域建筑论等创新理论；以整体论的融贯综合思想，提出了面向复杂问题、建立科学共同体、形成共同纲领的技术路线，突破了原有的专业分割和局限，建立了一套以人居环境建设为核心的空间规划设计方法和实践模式。该理论发展了整合人居环境核心学科——建筑学、城乡规划、风景园林学的科学方法，受到国际建筑界的普遍认可，这一点在1999年国际建筑师协会通过的《北京宪章》中得到充分体现。

　　他运用人居环境科学理论，成功开展了从区域、城市到建筑、园林等多尺度、多类型的规划设计研究与实践，在京津冀、长三角、滇西北等地取得一系列前瞻性、示范性的规划建设成果；主持开展京津冀城乡空间发展规划研究，对2004年北京城市总体规划修编、天津总体规划修编等起到重要作用；在实践中取得的创新方法，被纳入《城市规划编制办法》，有力推进了城乡建设的科学发展；主持完成北京菊儿胡同四合院工程，推动了从"大拆大建"到"有机更新"的政策转变，为达成从"个体保护"到"整体保护"的社会共识做出了重大贡献。

北京菊儿胡同改造

王建国 中国工程院院士

王建国院士在中国首次较为系统、完整地构建了现代城市设计理论和方法体系，原创提出了城市高层建筑合理布局的量化引导管控方法，建构了对城市用地开发强度和容积率进行科学判定的技术方法，提出并实践了基于动态随机视点的城市景观设计方法，初步破解了城市建设中有关高度、密度、风貌优化和管控等方面的城市设计难题。他理论探索、教学研究与工程实践相长，本人及团队先后在北京、上海、广州、南京、杭州、郑州等四十多个城市主持完成了大尺度城市设计、城市建筑创作、绿色城市设计和城市建筑遗产保护四个方面的工程实践，并先后获教育部自然科学奖一等奖、教育部科技进步奖一等奖、住建部华夏建设科学技术奖一等奖。

吴志强 中国工程院院士

吴志强院士是中国 2010 年上海世博会园区总规划师、浦东新区名誉总规划师、2014 年青岛世园会总规划师、北京城市副中心总体城市设计综合方案总规划师，是国务院学位委员会委员、城乡规划学科评议组第一召集人、全国城乡规划学教育指导委员会主任委员。他曾获全国创新争先奖状、全国先进工作者称号、全国五一劳动奖章、上海市劳动模范称号、全国优秀科技工作者称号、全国优秀城市规划科技工作者称号。吴志强院士建立了"生态理性"规划思想方法体系，并以实践阐释了新时代的城市规划必须以生态文明的建构为目标导向，以创新引领的新发展理念为基本动力，尊重城市发展和城镇化的基本规律，方可实现未来城市发展的多元统筹协调以及人类城镇化的可持续发展。

段进 中国科学院院士

段进院士长期从事城市规划设计与理论研究工作。他针对当代城市建设中自然环境破坏和历史文化断裂的严峻问题，从拓展城市空间发展理论到创建"空间基因"解析与传承技术，较好解决了城市规划设计中城市空间与自然环境、历史文化共赢发展的技术难题，并成功应用到雄安新区、苏州古城和 2014 年青奥会等重大城市设计项目及古城保护与新区设计项目中，其研究成果被国家行业技术规定、指南和导则采用，另有三项作品作为中国首批项目入选国际百年城市设计巡展。

■与城乡共同发展

城市是属于人民的。这些年我国城镇化进程的有序推进及城市和乡村的快速发展，离不开规划师的坚守与付出。规划师坚守着情怀，坚守着公共利益和底线，引导各方力量共建美好城市，织就山水共融、蓝绿交织的城乡空间格局，实现高质量发展和高品质生活，这也正是规划人的责任和担当。规划师在社会利益再分配的过程中，为平衡好长远利益和当前利益、整体利益和局部利益、公众利益和个人利益，提供了技术指导和支持。

城市、乡村有如生命，自然丰茂，持续生长。规划师不忘初心，践行使命，将发展责任根植于心，伴随城乡发展的步伐，共谱乐章，与城乡共成长。规划师在为城乡规划建设默默耕耘的同时，也为城市、乡村的日新月异感到骄傲和自豪！

第十五章

什么样的人适合学城乡规划？

田野与树木没有给我一点教益，而城市的人们却赐给我颇多。

——苏格拉底

■具有基本美学素养

　　城市是一个多元复杂的集合体，城乡规划的美学更多地体现于城市的整体美与协调美中。当我们去感受一个城市时，往往不会以某个建筑为评价标准，而是会关注这个城市的天际线，感受城市出行交通的便利，或是漫步在城市的绿茵中，体验城市丰富的内涵。而这些大家在生活中已经习以为常的生活场景，都离不开规划师的美学素养。一个协调的、有活力的城市才是一个美的城市。

　　规划的另外一个美学特点是其并不局限于设计的维度，城市里各个要素的设计、规划、审批、建设、保护和治理都是一个规划师所应考虑的。在一个规划师队伍的共同努力下，城市的美才得以落实，乡村的美也才得以保护。

　　我们常说，城乡规划不是一门坐着学习的学科，因为城市的美是沉淀在每一位市民的生活中的。城市中来来往往的每一个个体都是城市美学的欣赏者、参与者和创造者，而规划人就是要在调研之中发现这种美，保护这种美。将这些调研中遇到的人文美的碎片汇总整理，进而转译为规划设计表达，是规划者会为之奋斗一生的要义。

■具有逻辑分析能力

　　城乡规划学科对于思辨能力和逻辑论证能力的要求更高。如果说建筑、环艺的设计逻辑更偏向艺术感性，那么城乡规划的逻辑则更偏向理性与事实。

　　以社会调查与总体规划课程为例说明：社会调查要求通过对社会空间使用现状的调查，增加对社会各类人群的使用感知，进而理解城市物质空间背后的运转机制与不足之处，看重逻辑思辨；总体规划则要关注城市的经济社会因素与城市空间存在的相互反馈与影响。开发强度和用地性质并不是随便几笔就勾画出来的，而是要从宏观入手，论证该地区的社会经济水平是否能够与开发强度相匹配，通过比较、分析后才能得出一个相对严谨的结果，看重理性的分析与统筹。

　　未来的规划师不仅要关注微观的物质空间，更要关注环环相扣的设计流程和逻辑链，关注每一个项目背后的利益群体，通过不同要素的组织为每一个项目提供健康的发展逻辑与动力机制，从多维度、多视角看问题，并理性地对其进行分析解决。

■具有人文关怀精神

　　城市就像由我们的感知拼成的地图一样存在于我们的脑海中。虽然规划设计可以从实际问题出发，从抽象概念出发，或以精准的平面图呈现，或以华丽的效果图表达，但毫无疑问，城乡规划系的人才都是以自身经历和生活体验为思考支点来进行设计的。小到一个街区、一个校园，大到一个城市、一座岛屿，我们将会学习并擅长为他人塑造空间，但不论设计什么，都脱离不开我们对生活的观察。

　　不可否认，建筑设计和建造更有趣味性，也更加直观，但却很难给予我们广阔的视野和改变它们的权利。城乡规划的实践不仅能让人极尽想象力和创造力，发挥理性分析的潜能，更重要的是它还与更广泛、更多的人相关。我们需要付出时间和耐心去收集资料，预测方向，模拟分析，推敲设计，实施落地……规划设计师的工作周期漫长而细致。如果你不满足于只关心自己和身边的人，更相信"无数的人、无尽的远方都与我有关"，那么城乡规划的学习一定适合你。

■ 规划篇

具有综合统筹能力 ■

城乡规划尺度大、时间长，牵扯人员和利益多，需要很好的统筹协调能力。统筹对象有二：一是对实际项目中各种资源配置的宏观统筹，二是对各方协同合作的统筹。

对于资源配置的统筹，可以简单类比：一栋建筑每日约有 10 人使用，该配置多少个洗手间？放大尺度，一个小区中生活 3 000 人，该配置多少绿地让他们有更舒适的生活？进一步放大尺度，一座城市里生活 50 万人，应该配置多少小学、医院、足球场、小卖铺……规划要做的事情，就是结合现状将代表公共利益的资源进行最优分配，让资源利用最大化，引导城市发展，保障人民利益。同时，城市规划作为一个多学科交叉的综合学科，涉及的领域繁多，统筹协作是规划能得以顺利实施的重要前提之一。多部门协同合作时，规划需要平衡和协调各方利益，取得最优解；在具体规划项目中，需要合作的项目居多，组内和谐相处、发挥专长是规划工作能得以顺利完成的关键，同样需要统筹协调。

具有团队精神 ■

相对于其他专业学科而言，城乡规划更像是一个系统，它将枝叶探出到各个领域，运筹帷幄，决胜千里。可以说，让整体发挥最大效益，是城乡规划专业的核心。因此，"团队精神"是城乡规划从业者不可或缺的品质，他们需要有较好的协作能力与沟通能力。

在城乡规划里，"个人主义"被极度弱化。城乡规划从业者首先应该是一个很好的参与者。不论是在校园还是在工作中，在城乡规划这项工程面前，个人所能做的微乎其微，大多数任务都是由团队而非个人完成的。如何让自己在团队中发挥作用，保证整体任务协调高效进展，让整体大于部分之和，是城乡规划专业学习里的一项重要内容。

就课程而言，目前以五年制为主的城乡规划教学模式拥有一个庞大而复杂的系统。大二的学习以建筑学为基础，后来又有景观、交通、生态、物流、经济、地理、法规……它们零散而又各成体系，城乡规划的作用便是将其串起，关联、落实于空间，并作用于生活。因此，城乡规划从业者须具备与其他领域从业者沟通协作的能力，知晓各层面的运作规律，沟通了解各方的需求，统筹协调各部分在城乡间的运转。

于社会整体而言，城乡规划亦只是其中一部分，但城乡规划不能独善其身即可。在实践中，城乡规划从业者既要面对领导、甲方的要求，将其转译为专业语汇，又要考虑使用者的需求，并通过一些"接地气"的表达使其理解并参与城市的建设过程。

城乡规划专业本科生实践教学活动

104

第十六章
规划学习的过程速览

以建筑、地景、城市规划三位一体，构成人居环境科学的大体系中的"主导专业"。

——吴良镛

■ 规划篇

资料查阅与文献检索是城乡规划人需要经常进行的工作

基础与初步 ■

随着时代的发展，人文地理、生态学、社会学和经济学的很多相关内容都已被引入城乡规划。城乡规划更注重从宏观的角度来看待问题，注重城乡一体化。现在的国土空间规划已经涵盖了原有城乡规划的内容。城乡规划理论和操作程序在不断拓展后，包含的知识面更广泛了，这也是时代发展、学科进步的结果。在理论学习之外，创新能力、逻辑分析能力、整体思维能力、团队组织能力和口头表达能力等都是很重要的本领。在规划学习和团队合作过程中，上述能力都将有机会得到锻炼。

踏勘与调研 ■

踏勘与调研现场

踏勘与调研的目的是摸清现状、找到线索并识别问题。调研一是要进行实地考察，根据项目类型不同，考察重点也不同，比如总体规划调研的重点是对宏观内容进行了解，而详细规划调研则需要对地块的性质、内容、标高和地形等进行全方位的了解；二是要进行部门调研，根据调研计划对各个相关部门展开调研。不同项目针对的部门不同，需要了解不同部门的相关内容以及建议等，其重点是针对项目内容对部门相关人员展开调研，获得实用信息和相应材料。

分析与构思 ■

规划方案的分析与构思

在取得了踏勘调研的信息和资料、明确了所要面对的问题后，就要检索相关问题的理论，查找分析问题的相关技术手段，思考解决问题的方法。城市规划是实践性很强的学科，找到有力的理论支撑，将有助于你更精准地找到解决问题的切入点。同时要注重逻辑，按照不同的内容体系、层级来展开构思，这有助于你的方案更清晰地展开和深入。在问题的解决方法被充分研究和论证之后，还要设计达成目标的途径和过程，这也是方案构思的一部分。

■反馈与修改

反馈有多种形式，如座谈会、咨询会、口头或函件交流。反馈是一个利益协调和平衡的过程，要充分听取各方的不同意见和诉求，从而体现自己的交流能力和平衡协调能力。学校中的评图也是一种交流与反馈，可以想象指导老师的意见代表了未来政府或业主委员会的诉求。

城乡规划作为重要公共政策的制定手段，其本质上是一种空间治理活动。城乡规划的过程本就是社会各利益群体针对空间资源的使用和收益进行分配和调整，展开竞争博弈、谈判协调的空间平台。因此，规划工作者要同时面对政府、市场、社会公众乃至城乡中无数利益相关个体的诉求，需要平衡长远与眼前、效益与公平、局部与综合、个体与群体的诸多矛盾，过程中所需要进行的反馈收集与修改，在某些内容的规划工作中，占据比重相当大。

讨论与修改规划方案

■编制与表达

得到了充分的反馈后，就要依据规范或表达惯例，对工作成果进行编制与表达。实际上，部分成果的编制在分析和构思阶段就已经展开。表达的形式范围十分广泛，有通过图纸、图示和文字进行的表达，也有通过模型、分析报告和汇编资料进行的分析研究，还有通过层面分解以条文和表格相辅助的形式进行的表达。以往的《城市规划编制办法》和现行的《国土空间规划编制办法》，对编制原则、规划范围和期限、编制主体和程序、成果要求等内容都做了详细的规定。另外，具有法律效力的规划成果在编制完成后还需要得到相应部门的批准。

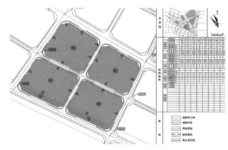

规划方案的编制与表达

第十七章

规划师的成长与未来

　　一座城市就像一棵花、一株草或一个动物，它应该在成长的每一个阶段都保持统一、和谐、完整，而且发展的结果决不应该损害统一，而要使之更完美；决不应该损害和谐，而要使之更协调。早期结构上的完整性应该融合在以后建设得更完整的结构之中。

——霍华德

归根结底，我们探讨的 21 世纪发展目标，是要为人民创造一个良好的城乡生活环境。亚里士多德古老的城市定义，也是人类最后的城市定义：人们来到城市是为了生活，他们定居在那里是为了生活得更好。

—— 吴良镛

城市规划和建设者必须研究一个城市的自然特点和人文特点，建设有情感的城市。我寄希望于中国年轻一代的规划师和设计师们，勇敢面对当代城市规划面临的种种考验，也正视市场规律为城市发展所带来的积极力量，通过有效的实践，让城市因为设计而更加美好。

—— 齐康

美好的、有特色的、充满内涵的城市形态的塑造是一个永恒的主题，即使是在当下全球化和数字化的时代依然如此。

—— 王建国

读懂"山水"不是在赋诗，而是在讲科学。

—— 吴志强

总体规划做好了，理念到位了，改变的可能是一座城市的命运。

—— 段进

城市是各种行业的中心。

—— 威·柯柏

每一个社区都应该是一个单独的社会，尽可能地自治。社区应该是一个整体，不仅看起来像是一个整体，而且事实上也是一个整体。它应该会有一个最适宜的规模，这个规模不会变得不合理。

—— 凯文·林奇

城市是一本打开的书，从中可以看到它的抱负。

—— 埃利尔·沙里宁

要影响城市的发展，设计者就要有一个清晰的基本设计结构的观念，以推动城市建造的全过程。单栋建筑或一组建筑设计中的方法不能套用于整个城市规模的设计，其原因主要有两点：城市的地理范围如此之大，以至于人的思想不可能为整个地区制订清晰的三维空间的规划；就城市的规模而言，其各个部分的建造和重建需经历一个很长的历史时期。因此，用于城市局部的任何设计应当能够修正并延伸到不断扩展的地区中去。

—— 爱德蒙·N.培根

城市的主要功能是化力为形，化能量为文化，化死的东西为活的艺术形象，化生物的繁衍为社会创造力……这就定下了未来城市的主要任务，就是创造一个可以看得见的区域和城市结构，这个结构是为使人能熟悉他更深的自己和更大的世界而设计的，具有人类的教养功能和爱的形象。

—— 芒福德

第十八章
规划设计中的苦与乐

城市规划是一项崇高的事业，它的目的是为国家、为人民筹划和建设好城市，我愿意为此奉献一生。

——邹德慈

成都规划馆参观

大连理工大学校史馆参观

大连广鹿岛乡村调研

心理团体辅导

大连市高新区交通流量调研

大连理工大学校园规划调研

海边烧烤团建

法国城市认知实习

植树节活动

东京城市见习冬令营

全国城市规划专业教育指导委员会年会竞赛
颁奖仪式

大连理工大学 2020 城乡规划本科生毕业答辩

园林篇

园林是人类行为的自然属性

第十九章

什么是风景园林？

虽由人作，宛自天开。

——计成

■风景园林的起源

　　"风景园林"的说法起源于西方。1828 年，英国绅士麦松出版的《意大利伟大画家的风景建筑》中首次使用了"Landscape Architecture"（风景园林）。此后若干年，这一说法在各种与风景相关的场合中出现。美国设计师奥姆斯特德和沃克斯 1858 年合作设计纽约中央公园时，将自己称为风景园林师（Landscape Architects），由于奥姆斯特德的行业影响力，"Landscape Architecture"作为园林设计行业的官方名称逐渐确立起来。

纽约中央公园
刘湃供图

■我国风景园林的学科确立

　　1951 年，原北京农业大学造园系和清华大学营建学系联合成立造园组，风景园林在我国第一次成为一个独立的高等教育专业。1956 年，该专业并入北京林学院（现北京林业大学）。2011 年，国务院学位委员会和教育部将风景园林学列为 110 个一级学科之一，Landscape Architecture 在我国正式被官方定名为风景园林。

北林银杏大道
北京林业大学园林学院供图

■风景园林学与传统造园学的关系

　　传统造园学奠定了现代风景园林学的基础，其理论和实践依然指导着现代风景园林学的发展。两者的不同点在于现代风景园林学涵盖了传统造园学所不包括的内容，如居住区规划、村镇规划、区域规划、生态规划、人工湿地营造和棕地恢复等。

注：本章编写时参考引用了林箐、张晋石、薛晓飞等编著的《风景园林学原理》一书。

南京总统府
刘湃供图

■ 园林篇

长白山天池
刘湃供图

风景园林的研究领域■

风景园林的研究领域主要包括：规划设计理论，如不同类型项目的规划设计方法、生态规划等；风景园林历史，包括园林史、建筑史、城镇建设史等；自然和生态研究，如为什么有的植物喜欢阳光，有的喜欢雨水等；风景园林技术，如数字化设计，还有新材料的应用等。社会学、哲学等也都是风景园林的研究领域。

长白山
刘湃供图

风景园林的实践领域■

风景园林的实践领域十分广泛，其工作对象包括住宅庭院、居住区环境、公园、动植物园、纪念园地、城市公共空间、建筑内外环境、大地艺术与大地雕塑、历史遗迹地、企业园区与大学校园、旅游胜地和度假村、运输走廊及城市基础设施、湿地、乡村和国土等。学习风景园林后可以从事的工作不单单是设计，还包括研究、咨询、规划、施工和管理。

金鸡湖
刘湃供图

风景园林与相关学科■

风景园林和若干学科都有着紧密的联系：风景园林学和城乡规划学、建筑学相辅相成，和艺术学密不可分，和园艺学、生态学、地理学"亲如一家"，和社会学、哲学共同发展。

■中国园林史综述

中国传统风景园林可分为六个时期：一为先秦时期，二为秦汉时期，三为魏晋南北朝时期，四为隋唐时期，五为宋元时期，六为明清时期。正如中国超稳定的封建社会一样，中国园林数千年的发展演变，从始至终，也是一气呵成的。这其中，六个阶段又各具特点，风格鲜明。

■先秦园林

先秦是中国传统园林的生成期，出现了囿、圃、台等，它们被称为我国早期园林的萌芽。囿起源于狩猎；圃起源于农耕；台起源于山岳崇拜。三者鼎足而立，规模巨大，并已具备后世园林的山、水、建筑和动植物等各种要素。

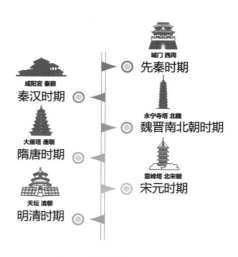

中国园林史发展阶段
吴芊楠、郭新雪供图

■秦汉园林

秦汉园林的代表是皇家园林，它在形式上依据一定的山水环境，兴建规模庞大的建筑群。除了可居可游之外，园林的布局和形式还具有明确的象征意义，如"象天法地"的建筑布局按照天上的星座来安排地上的宫殿，"一池三山"的山水营建则传承自先秦时期东海的蓬莱神话。这其中反映出来的是中国园林的特质，即园林是物质和精神的结合体。

■汉代园林

汉代开始出现私家园林，园主多为王公贵族或世家官僚，园林则以"豪华""绮丽"为目标，以皇家园林为榜样，追求"有若自然"的境界。它们中的重要实例有梁孝王兔苑和袁广汉所筑私园。此时私家园林还不是园林艺术的领跑者，其形式与内容基本上只是举办一些实用的狩猎和钓鱼等游乐活动。

魏晋南北朝园林■

魏晋南北朝是一个大动荡、大分裂的时期，政治上大一统的格局被破坏，频繁的战争导致城市的发展受到严重影响。园林方面进入了一个承前启后和异彩纷呈的转折时期，造园手法仍承袭两汉，崇尚华丽宏大，但随着山水审美的突破性变化、士人文化和造园艺术的发展，皇家园林开始汲取士人园林的精华，透露出士人园林的气息。

魏晋南北朝寺观园林■

魏晋南北朝时期还出现了寺观园林。佛教传入中国后，在南北朝时期尤为盛行，众多佛教寺院成为城市内部的标志性建筑。佛寺的大量兴造开始呈现出与环境紧密结合的趋势，形成了寺观园林。此时的造园不再一味追求宏大的规模，手法开始趋向于写实与写意相结合，具有浓郁的自然气息，并开始体现出隐逸的思想。

隋唐园林发展■

隋唐是中国古代社会繁荣鼎盛的时期，此时政治相对稳定，经济发达，文学、书法、绘画、园林、建筑和雕塑艺术交相辉映。山水画、山水诗文和山水园林三个艺术门类得到进一步融合，画论、诗论交融渗透，"外师造化，中得心源"成为中国园林创作的原则之一，中国风景园林的发展进入了全盛时期。

隋唐文人园林■

隋唐文人园林由单纯模仿自然环境发展到在较小的境域内提炼山水的精华，追求诗情画意。文人多有建造别业、草堂之举，充分体现了当时文人的园林观——以泉石竹树养心，借诗酒琴书怡性，其身心在园林中得到完全的休憩，呈现出"天人合一"的理想境界。同时长安、洛阳周边的公共园林也非常丰富，如长安近郊风景秀丽的曲江，就是一处兼具御苑和公共园林性质的游览地。

隋唐皇家园林■

隋唐皇家园林包括大内御苑、行宫御苑和离宫御苑三种类别，不仅数量多，规模宏大，而且在总体布置和局部设计上都有着比较突出的特点。

宋代文人园林■

宋代是中国古代文化的黄金时代，城市经济的高速发展、市民文化的繁兴、科学技术的长足进步，共同激发了人居环境建设的变革。由宋代开启的新时代，在园林和风景方面皆有突出的表现。就园林而言，这一时期的文人园林最为突出，皇家园林和寺观园林都受到文人园林的影响，中国古典园林的风格完全成熟。就风景而言，宋代开始出现公共游览地的兴建热潮。

文人园林特点■

宋代文化艺术空前繁荣，园林建筑和小品形式更加丰富，观赏花木的栽培技术进一步提高，赏石成为园林的重要元素，并出现了以叠石为业的技工，这些都为园林艺术的普及提供了技术保证。同时，宋人将诗画的思想融入园林创作中，将园林空间的"画境"升华为"意境"。在内省哲学与文学思想的影响下，文人园林形成了简远、疏朗、雅致、天然的特点，成为当时的主流，并反向影响到皇家园林和寺观园林。

■清代皇家园林

　　北京是当时国家政权的中心，皇家园林多集中在此，造园活动以清初的康熙、雍正和乾隆三朝为最，建造了西苑（现北海公园及中南海）、御花园等大内御苑以及西北郊的三山五园等离宫别苑。这些御苑都是宫苑结合，虽然规模宏大，但都能因地制宜，广泛借鉴天下的名园胜景，营建出不同的风格。

颐和园
刘湃供图

■明清私家园林

　　明清私家园林最兴盛的地区是江南。江南地区是文人画家、官僚富商集居之地，同时也成为此时期私家园林的集中地带。这些园林以宅园为主，即在城中或近郊因阜掇山，因洼疏池，栽种树木花草，建造与厅堂楼阁相掩映的"城市山林"，经营超尘脱世的"壶中天地"。明清私家园林的营建数量、造园水平和理论研究都达到了空前的高度。一批身负绝技的匠师崭露头角，同时也有专门的造园理论著作问世，如计成的《园冶》。

耦园
刘湃供图

■中国园林史总结

　　中国地大物博，历史悠久，创造了光辉灿烂的古代文化，拥有丰富的风景园林艺术遗产和文化传统，并出现了许多伟大的造园匠师。园林庭院分布在城市和乡村之中，是人们日常游玩休憩的场所；风景名胜多位于远离城乡的山林郊野，可供人们节日休闲之用，还往往是寺观、陵墓的分布之地。两者构成了不同尺度的人居环境，包含了人类生活的各个方面，蕴含着中国古人对这些不同环境的处理方式。

西方传统园林■

从历史来看，欧洲、美洲同属一个文化传统，美洲的园林文化是从欧洲园林文化发展而来的。欧洲园林作为世界园林系统中的重要一支，其传播的范围最为广泛，对当今社会的影响也十分深刻。

西方古典园林：兰特庄园
刘扬供图

古希腊和古罗马园林■

古希腊园林位于住宅的庭院或天井之中，园林是几何式的，中央有水池、雕塑，栽植花卉，四周环以柱廊，这种园林形式为以后的柱廊式园林的发展打下了基础。古罗马的时候出现了一些大型的别墅花园，为了夏季避暑，这些别墅庄园多建于郊外的山坡上，地势上居高临下，可鸟瞰周围的原野。

古埃及园林■

园林是人们理想中的天堂，建造园林就是在大地上建造人间的天堂。欧洲的园林文化传统可以一直追溯到古埃及，那里的自然环境远不如中国，雨水稀少，没有大片森林，更无秀美的山川，人们理想中的天堂就是适合农业生产的富庶土地，于是园林就从模仿农业开始，这是经过人类耕种、改造后的自然，是几何式的自然，所以西方园林就是沿着几何式的道路开始发展的。

意大利园林■

15—16世纪，意大利园林随着文艺复兴思想在欧洲大陆的传播开始广为发展。文艺复兴园林继承了古罗马园林的特征，在视野较好的山坡上依山而筑，成为坡地露台花园。尽管园林是几何形的，有些还是中轴对称的，但是它们的尺度宜人，植栽葱郁，给人以非常亲切之感。它们还在轴线上及其两侧布置美丽的绿篱花坛、变化多端的喷泉和瀑布、常绿树以及各种石造阶梯、露台、水池、雕塑、建筑及栏杆。

西方古典园林
刘扬供图

■英国自然风景园

17—18世纪，英国出现了自然风景园，一反意大利文艺复兴园林和法国巴洛克园林传统，抛弃了轴线、对称、修剪植物、花坛、水渠和喷泉等所有被认为是直线的或不自然的东西，以起伏开阔的草地、自然曲折的湖岸、成片成丛自然生长的树木为要素，构成了一种新的园林。

西方古典园林：水景
刘扬供图

■法国勒诺特式园林

17世纪，法国勒诺特式园林超越和取代了意大利露台花园，它保留了意大利文艺复兴庄园的一些要素，又以一种新的更开朗、更华丽、更宏伟、更对称的方式在法国重新组合，创造了一种更显高贵的园林艺术。

西方古典园林：运河神庙
刘扬供图

■西方园林的发展

西方文明源于古代埃及。古埃及在人类生存环境的改造和建设方面有着悠久的传统和非凡的成就。基于不同环境和审美等需求，同时也随着社会政治、经济和科学技术的发展，西方园林产生了丰富的类型并取得了辉煌的成就。

西方古典园林：哲学园
刘扬供图

■西方园林的影响

随着学习进程的发展，我们还会发现，由于重视科学和理性，西方的文化和科学技术得到了飞速的发展，逐渐占据了全球领先的地位，进而使西方文化的影响遍及全球，西方风景园林的建造艺术和技术也由此影响深远。

西方古典园林：图书馆
刘扬供图

第二十章

为什么要学风景园林?

无山不绿，有水皆清，四时花香，万壑鸟鸣。
替山河装成锦绣，把国土绘成丹青。

——梁希

■锦绣美丽中国梦，天人合一山水间

风景园林伴随着人类文明历久弥新，在人类历史长河里诞生、衍变和不断发展。无论如何定义和理解风景园林，营造人和自然之间的和谐关系都是风景园林不断求索的核心。探古访今，从商周时期的园囿到现代城市公园，从北方皇家园林到岭南私家园林，从天人合一到人与自然和谐共生，风景园林学科一直以协调人与自然关系为根本使命，以保护和营造高品质的空间景观环境为基本任务。

国家植物博物馆园区总体规划
北京林业大学园林学院供图

■交叉共融的学科

风景园林主要处理人类生活空间和自然的关系，是有关土地分析、规划、设计、管理、保护和恢复的艺术与科学。作为一门综合性应用学科，它建立在广泛的自然科学和人文艺术学科基础上，其中自然科学主要涉及工程技术、生态、地理、植物、建筑和城市规划等学科，而人文艺术学科则主要包括社会学、艺术和美学等。

■广泛开设的学科

全国开设风景园林学科的普通高校、独立学院和研究院等各类院校共计四百余所，包括以北京林业大学、南京林业大学为代表的农林类高校，以西安建筑科技大学、北京建筑大学为代表的建工类高校，以清华大学、东南大学为代表的综合类高校以及高职、高专院校等主要类型。众多院校以风景园林学科海纳百川的包容度，充分发挥本校的专业学科优势，促成了我国风景园林学科的大发展和大繁荣。

■紧密围绕国家战略的学科

十九大报告中指出，要加快生态文明体制改革，建设美丽中国，同时明确社会主义现代化是追求人与自然和谐共生的现代化，既要创造更多物质财富和精神财富以满足人民日益增长的美好生活需要，也要提供更多优质生态产品以满足人民日益增长的优美生态环境需要。生态文明建设功在当代、利在千秋，是中华民族实现伟大复兴的必由之路，更是中华民族永续发展的千年大计。

北京林业大学园林学院垂花门
北京林业大学园林学院供图

2024年世界园艺博览会总体规划
北京林业大学园林学院供图

北京冬季奥运会张家口赛区核心区
风景园林设计
北京林业大学园林学院供图

北京林业大学园林学院活动
北京林业大学园林学院供图

风景园林学科的主要任务■

风景园林作为以协调人与自然关系为根本任务的学科，一直以来都在深度践行生态实践，是国家生态文明建设布局的先锋队。从城市整体规划、区域生态系统规划、城乡绿地系统规划、国家公园规划到城市公园设计、居住区绿化、室内植物栽培，风景园林一直在探索更优、更全、更适合自然发展规律的人居环境生态理论。

风景园林学科与国家建设■

以北京林业大学园林学院为例，学院积极发挥北林的学术引领作用，以服务国家重大需求为导向，全面支撑京津冀生态协同战略，全面搭建了京津冀生态风险评估及预警机制平台；与崇礼区签署战略合作协议，以风景园林学科引领形成智库平台，全面服务赛区生态景观建设；凭借国际视野和世界眼光，以推进城市高质量发展、切实增强人民群众的获得感和幸福感为导向，完成国家植物博物馆园区总体规划任务等，以实际行动践行"绿水青山就是金山银山"的新时代生态文明理念，引领示范乡村振兴战略和绿色事业的高质量发展。

风景园林学科的专业技能■

借助国家生态文明建设、乡村振兴等重大战略计划支撑，风景园林学科得到了不断的完善、提升和发展。与此同时，科学完备的风景园林教育体系持续为我国的风景园林行业培养前沿人才，输送后备力量。由于学科的高度综合性，本学科学生经过系统化的学习后不仅可以掌握园林绿地规划与设计、城市景观规划设计、园林建筑设计、风景园林工程设计、风景名胜区规划及园林植物种植设计等领域的基本理论和知识，还能受到绘画技法、制图方法、风景园林表现技法、规划设计方法、园林植物认知与应用设计等方面的综合训练，并培养运用所学艺术、生态、工程与设计理论进行风景园林规划设计及表达、园林施工与组织管理的基本能力。

■风景园林学科的就业方向

风景园林学科毕业生的就业方向非常宽泛，可在园林、城乡建设、林业、市政交通和教育等相关部门从事公园及城乡各类园林绿地、风景区、森林与郊野公园、风景园林建筑等方面的规划、设计、施工、养护、管理及教育科学研究等工作。以北京林业大学园林学院为例，近年来该校的应届毕业生就业率一直保持在90%以上，其主要就业单位集中在园林设计院所、园林施工单位、建筑和地产相关行业以及教育科研领域等，从事包括风景园林师、园林工程师、园林工程预算员、园林监理工程师等专业对口的重点职业。广大风景园林学子正在各自的岗位上兢兢业业，不懈奋斗，紧紧抓住生态文明建设的良好机遇期，积极投身于祖国绿色事业发展。

■风景园林绘制美丽中国画卷

在我国城市化进程快速推进的今天，城市、人口与生态环境的矛盾日益突出，产生了前所未有的生态压力，城市化和城市生态化发展为中国风景园林事业提出了更加艰巨的任务和更高的要求。在此基础上，党的十八大首次提出了"美丽中国"的建设目标。"美丽中国"的伟大理想需要深度践行生态文明思想来实现，需要靠全国人民创造的综合国力来实现，更需要风景园林人砥砺奋进、创新发展来实现。2020年突如其来的新冠疫情，更是把公共健康与公共卫生意识置于前所未有的高度，风景园林在改善人居环境方面做出贡献的同时，也在疫情防控中发挥着重要的作用。

■未来奋斗目标

展望未来，站在新时代的起点上，中国已经明确了"全面建设社会主义现代化国家"的方向。现代化的美丽中国值得憧憬，风景园林的未来发展也值得思考。风景园林的未来立足"天人合一"的理念，一方面必须保持对其核心使命与核心价值的坚守，另一方面也需要永远不忘初心，在坚守本土文化价值的同时，通过技术创新、思想创新、理论创新和教育创新不断跟进输出，进而实现风景园林人所追求的人与自然和谐相处的奋斗目标。崇尚自然和绿色健康是中国风景园林学科对天人合一思想的基本认识，也是一代代风景园林人追求的目标。只要我们能够坚持与进取，继承与发展，风景园林学科就必然会在建设美丽中国的伟大工程中砥砺前行！

北京林业大学学生作业
北京林业大学园林学院供图

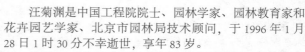

汪菊渊院士■

汪菊渊院士
北京林业大学园林学院供图

汪菊渊是中国工程院院士、园林学家、园林教育家和花卉园艺学家、北京市园林局技术顾问，于1996年1月28日1时30分不幸逝世，享年83岁。

他自1956年以来兼任北京林业大学城市及居民区绿化系副主任，长期兼任教授并担任研究生导师工作。

汪菊渊先生是我国风景园林界德高望重的学术带头人，是我国风景园林界第一位中国工程院院士。数十年来，他在建筑学家梁思成等专家的赞同下，创建了中国风景园林学科，是中国园林（造园）专业的创始人。他所创办的造园专业，现在已经发展成为北京林业大学园林学院。

陈俊愉院士■

陈俊愉院士
北京林业大学园林学院供图

陈俊愉是中国工程院院士、北京林业大学教授、中国观赏园艺学的开创者和带头人、园林植物专业第一位博士生导师。

他创造了花卉"野生育种"新技术和进化兼顾实用的花卉品种二元分类法，并成功培育了具有多种抗性的梅花、地被菊、刺玫、月季和金花茶新品种80多个。

他著述多部，其中《中国花经》《中国花卉分类学》《中国梅花》等在国际花卉园艺界产生了重大影响。

孟兆祯院士■

孟兆祯院士
北京林业大学园林学院供图

孟兆祯于1932年9月13日出生于湖北武汉。他是中国工程院院士、北京林业大学教授、风景园林学家。

他在继承的基础上发展性地建立了风景园林规划与设计学科的新教学体系，并建立了该学科在全国唯一的博士点。他指导的三名学生曾四次获得国际大学生风景园林设计竞赛大奖。

他主持承担了国内外内容广泛的设计36项，多次获得重要奖励。

他将植物学科的内容、中国传统写意自然山水园的民族风格、地方特色和现代化社会融为一体，设计作品受到好评。

参考文献：
[1] 孟兆祯. 美丽中国园林教育 [J]. 风景园林, 2018, 25(03):12-14.
[2] 孟兆祯. 凝聚风景园林 共筑中华美梦 [C]. 国家住房和城乡建设部. 第九届中国国际园林博览会论文汇编. 北京：中国风景园林学会, 2013:11-16.
[3] 李雄. 积极践行风景园林人的初心与使命 [N]. 中国建设报, 2020-04-27(2).
[4] 赵鹏. 坚守与开拓，传承与创新：在美丽中国的事业线上砥砺前行——写在浙江省城乡规划设计研究院风景园林专业发展40年之际 [J]. 中国园林, 2020, 36(S2):6-7.

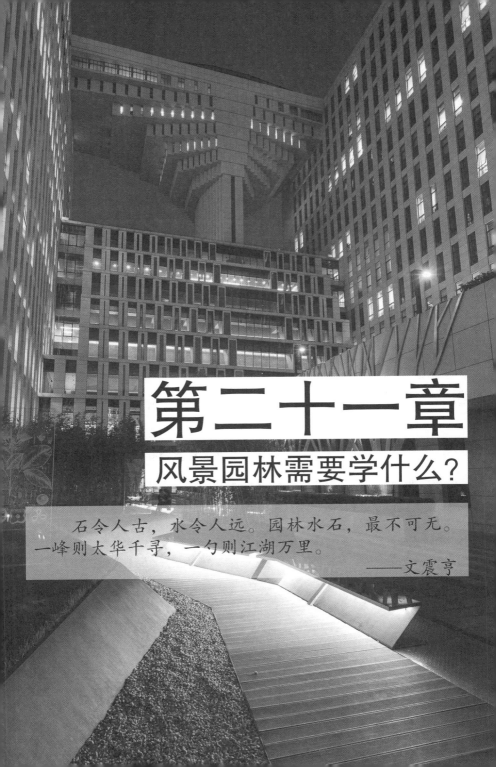

第二十一章

风景园林需要学什么？

石令人古，水令人远。园林水石，最不可无。
一峰则太华千寻，一勺则江湖万里。

——文震亨

风景园林师要有丰富的知识■

风景园林学科是一个复杂而丰富的学科，需要学习历史、艺术、科学和工程等多方面的知识，构建完整的知识体系，才能在设计的过程中不断迸发新的思考。

风景园林师要有充沛的情感■

风景园林设计的是生活，你需要对生活有足够的热爱和细心的观察，才能发现设计场地独特的气质魅力，有针对性地提出解决策略，设计更好的生活。

风景园林师要有健康的身体■

风景园林学习内容
蒙倩彬供图

设计不是纸上谈兵，需要有"读万卷书，行万里路"的气魄和体力。总的来说，风景园林设计是实操性的工作，设计师不仅需要多走多看，积累案例经验，也需要在项目落地的过程中在现场解决许多图纸上看不到的问题，所以健康的身体是学习和工作的基本保证。

风景园林师既是画家又是工程师■

风景园林设计很重要的一点是要优美，为此设计师的美学基础和绘画训练必不可少。绘画与制图是设计呈现的重要手段，如何用最佳的方式呈现设计想法，是设计师必须学习和掌握的基本技能。设计除了美观，还应该实用。因此，风景园林师还需要具有有助于设计方案实施落地的专业素养，熟悉和掌握地形营造、材料选择、排水组织、灯光布局、结构和构造做法等工程技术，这些素养一方面有利于风景园林师将设计方案落到实处，另一方面也能在一定程度上帮助他们更好地完善设计方案。

园林小景
蒙倩彬供图

■风景园林师既是植物学家又是地理学家

　　植物是风景园林设计的重要组成部分。植物是有生命的个体，它们会随着阳光、温度、水和时间的变化而变化，从而为风景园林设计提供丰富的素材。要想利用这种素材，就必须了解植物的生长习性、病虫害、配置和造景手法，这样才能得心应手地对其进行运用。

　　植物、土壤、水文和文化等具有地域性特点，需要设计师综合考虑场地环境中的各种自然和人文因素，设计出符合场地特性的方案。

美国南卡罗来纳州植物园
刘湃供图

■风景园林师既是规划师也是建筑师

　　风景园林师既要有规划师的战略眼光，也要有建筑师的逻辑体系。设计一个场地时，着眼点不应只在场地周围，还应站在城市的角度去理解场地、规划场地。此外，在方案推进的过程中，还需要综合感性和理性的各种因素，构建合理的逻辑体系，并进一步综合所学的技术措施，完成方案的设计和实施。

中国美术学院象山校区
刘湃供图

■风景园林师要有历史和文学修养

　　风景园林是一门历史悠久的学科，从古代的园囿到现在的公园设计，前人总结了大量的理论和实践经验。学习历史是对前人经验的汲取，可以加深对风景园林学的认知和理解，进而构建全面的知识体系。

　　学习风景园林还应注意提升自己的文学修养。大到如何组织语言介绍设计方案，小到如何为景点取名，都是对设计师文学修养的考验。

美国马蹄湾
刘湃供图

空间与功能 ■

　　我们创造的空间几乎都有一种目的性，都是为了实现某种功能而存在的，例如教室是为了学习，卧室是为了休息，花园是为了游憩。这些空间就好比不同的工具，它们的形状、材料和使用方式都因其功能的不同而不同，它们存在的意义也体现于某种功能性目的的实现。我们必须要学会细致入微地分析、梳理功能的需求，由此形成设计任务清单，并在设计过程中一以贯之地去执行。

某景观方案
栖城设计供图

空间与行为 ■

　　空间是设计师的重要创作对象，它可以是一个房间，也可以是一座花园，甚至还可以是一片空地。它们就像是一个个形状不同的容器，为我们提供了活动发生的场所。因此，空间塑造的前提是研究行为与观察生活。一个好的设计师一定会具备细致入微的生活观察能力、基于观察的理性分析能力以及创造性的空间解决能力。

某水景方案
栖城设计供图

空间与边界 ■

　　空间的塑造过程其实就是不断处理空间边界的过程，而空间边界本身也从某种程度上约束了功能的边界。坚硬的墙体，透明的玻璃，高大的树木，柔软的泥土，甚至是灯光、气味，都能成为空间界定的元素。我们有时候希望制造一个安全的硬边界，有时候又试着使边界变得柔软而透明。我们需要学习不同材料的特性，掌握与它们对话的能力，从而让自己在空间边界的塑造方面做到游刃有余。

某室内设计方案
栖城设计供图

■空间与情绪

　　欢乐、悲伤、热情……这些我们人类拥有的情绪同样可以被赋予空间。好的空间情绪表达能使空间与人的活动产生优美的协同，并与使用者产生情感上的共鸣。此外，也有非常优秀的空间是中性而冷静的，它们就像许多现代抽象艺术品，尝试着把艺术的想象留给观看者。因此，我们需要试着在设计过程中时刻保持一颗敏感的心。

某景观设计项目（一）
栖城设计供图

某景观设计项目（二）
栖城设计供图

■空间与组织

　　活动场所往往由一系列的空间组织而成，而人们则在活动（移动）的过程中完成对空间的感知。所以，空间组织的过程就像是行文叙事，可以有明确的线索，可以留白，也可以制造悬念，甚至制造不确定性。给自己时间读一本好书，听一首好的音乐，看一部好的电影，这些看似与设计无关的事却会对创作产生持久而深远的影响。

方案空间设计示意（一）
栖城设计供图

方案空间设计示意（二）
栖城设计供图

■空间与成长

　　我们在空间设计的初始之时，一般会有对特定活动与功能的预设，但越精准的设计却往往越会使空间的使用随着时间的推移而显得不合时宜。有人将空间看作一个新陈代谢的有机体，赋予空间一定的灵活性，从而使它在持续的变化中保持生命力。所以，我们除了要关心狭义的空间设计以外，还应关心更多的课题，如可持续发展、公平性和多样性等。

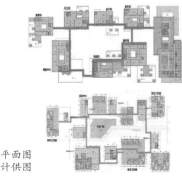

某建筑平面图
栖城设计供图

技术与艺术 ■

生态技术与自然融合的路易斯维尔滨水植物园
Perkins & Will 供图

在风景园林设计中，往往有三分功巧七分造化之说。融合"技"与"艺"既需要对"技"的熟稔，又需要一双能体察万物之美和天地造化的慧眼。对风景园林的创造往往是由心开始、有感而发的。设计师第一次看到场地时产生的灵感往往会潜移默化地牵动设计的发展。

生态与景观 ■

对于空间艺术与环境之美的追求让风景园林行业蓬勃发展，同时也让风景园林人陷入困惑。作为风景园林专业人士我们常常需要面对一个严肃的问题——风景园林行业的意义是什么？根据很多外界乃至相当一部分同行的看法，风景园林设计的价值在于填充了建筑物之间的空间，软化了各种刚硬棱角工程之间的环境，让不协调的空间变得美丽而和谐。人们十分注重一个园林项目是否能让空间变得美丽，甚至常常将之认为那是风景园林设计的宗旨。然而，事实果真如此吗？

目前，不论是建筑师还是规划师，都在讨论设计的生态性、环境友好性以及与自然的结合，以期获得更广泛的认可。其实，提升环境品质、增强水资源利用和提高物种多样性等方面对风景园林人来说更是工作本质中的重要部分，甚至相较"美丽"而言更应优先予以考虑。

人、自然与美 ■

平衡自然与人类活动的生态景观规划
Perkins & Will 供图

风景园林最让人兴奋的地方就是它能让我们连接人类与自然，同时还能让我们连接人类行为与人类需求。一个专业人士可以看到人与自然和合共生的美妙，而客户看到的往往是"好看"+"其他一些好的专业理论"。我们职业当中面临的最大挑战之一是我们必须更加成熟，去让美丽与更多的价值合而为一。因此在风景园林的从业过程中，我们需要有一种平衡的视野。在文化趋同的今天，平衡具有普遍性的意义和更广泛的价值体现。

■学术性设计

对于初涉行业的在校生而言，校园的环境提供了一种将设计做成学术的可能性，这是难能可贵的实践机会。在校园里，学术性设计实践的首要特征是理性——以做学问的方式做设计，研究各方需求，综合各种技术，探索最优策略，强调每一次设计的客观性，倾向于逻辑的完美而较少顾及投入——就这些意义而言，学术理性与人更为贴近，是理性与浪漫的平衡。

■商业性设计

商业性设计更注重市场理性，往往倾向于复制或自我复制以减少设计成本，而真正的需求有时却会被忽视。就这一点而言，商业性设计与偏重于工程性的制造，特别是偏重于商业性的生产较为相近。商业性产品只有满足了需求才有市场，否则只会被淘汰。

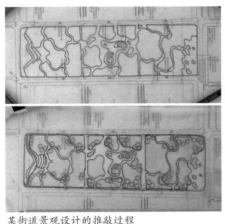
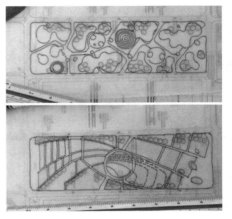

某街道景观设计的推敲过程
Perkins & Will 供图

■风景园林设计的视野

现代风景园林行业的发展让我们的工作早已不再局限于传统园林的范畴。从宏观的国土风景资源保护与管理、区域风景生态保护与修复，到城市尺度的风景系统构建，再到微观的场地设计，风景园林设计工作的时空跨度远超过其他设计行业。

■国土风景资源战略层级的规划

对于国土风景资源战略层级的规划，我们的工作是对宏观空间做出分析、做出保护与利用方案，并提出具有战略性的发展思路。在战略层面上，我们要为国家的经济布局、产业结构、资源保护和旅游休闲提供可持续发展的设计咨询服务。无论是国家公园体系的建立和发展，还是自然风景区、旅游区的建设，宏观产业布局都需要有风景园林专业人士的积极参与。

■ 园林篇

区域自然廊道规划
Perkins & Will 供图

场地踏勘 ■

现代科技为设计师提供了丰富的探查场地的方式。文史资料调查可以通过专业的资料网站或政府网站获得。业主会提供场地地形、水文、现状建筑、基础设施情况及上位规划等的 CAD 文件、卫星图片和电子文档。通过归纳、分析和总结，设计师可以更高效地去探查场地的关键点位。在场地踏勘时会预先设定好踏勘的目标及路线；需要比较关注并记录的事项包括地形走向、现状水体分布、周边景观廊道及标志物、植被与土壤状况及会对设计造成影响的不可移动物体（如高压走廊等）；会与甲方或当地人进行交流从而获得比资料更为鲜活而有趣的信息，这些信息的获取有可能会促成设计当中最为动人部分的产生。

区域规模的风景园林规划 ■

对于区域规模的风景园林规划，我们的核心价值在于将土地、水流和动植物作为空间规划的主体，构建一个相对完整、与人类共生的生态体系，将城市、乡村、自然山林和湿地组织在完整的空间结构中。在此过程中，我们需要对空间关系进行梳理，也要从空间产业布局、区域结构和生态技术等方面构建可持续的运行机制。

城市风景系统与场地设计 ■

城市风景系统与场地设计是行业的主体，也是与人类接触最密切的工作内容，其核心价值体现在对日常生活功能及精神家园的塑造上。在设计过程中有效地解决诸多城市问题是所有风景园林设计师必须面对的挑战，我们不仅要创造艺术、人文、生态和生活，还必须更多地结合交通、建筑、规划以及其他城市服务功能，将自然、文化和生活功能有机结合起来。

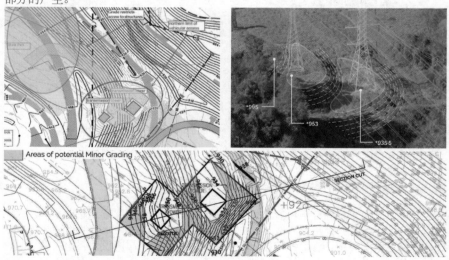

复杂设计条件的应对：设计中同时出现高压走廊及复杂地形变化
Perkins & Will 供图

■阅读设计任务书

对场地资料、上位规划、踏勘感悟进行梳理总结后，设计的初始条件就具备了。设计的第一步是从阅读设计任务书开始的。在仔细研读设计任务书并将最终设计成果的要求、时间节点和提交方式一一明确后，就可以做项目计划了。

■各种功能系统的设计

将设计概念敲定之后，接下来就是对总平的反复推敲打磨和各种功能系统的设计。核心系统有水系统、交通系统、种植系统和竖向系统等，根据项目特点的不同也会有不同的特色系统，如能源利用系统、文化展示系统和节庆活动系统等。设计过程中不仅需要有各种系统对概念形成良好的支撑，表现图、分析图的制作更是赢得甲方青睐、让人赏心悦目的关键。设计是理性与浪漫的平衡，美丽的成果表现是风景园林必要的副产品，也是项目能得以顺利进展的敲门砖。

■方案概念设计

概念设计分为景观概念和概念深化两个阶段：前一阶段主要通过分析图和效果图展示设计理念，明确景观结构与功能布局；后一阶段则需要明确各系统及节点的设计框架。方案设计工作需要有创作激情和创作灵感，其工作内容从无到有，所制作的图纸多用于表达概念，工作节奏相对较快，因此工作团队年龄普遍偏小。

■施工图设计

施工图设计一般分为扩初与设计两个阶段，其中扩初是施工图与概念的中间阶段，用于明确概念方案的细节数据，如竖向标高、各部分大致轮廓的尺寸和构筑物家具选型等。施工图设计需要经验的长期积累、对规范和材料的熟悉和对施工现场的了解与把控，出图内容相对固定，因而施工图设计人员平均工作年限都较长。

■项目计划

项目计划对工作时间节点、人员和设计内容进行综合安排。现代设计单位往往采用小型团队协作或团队与团队协作的方式。一份明确而详尽的计划安排是项目能得以有序执行的保障。项目伊始，团队成员会集体进行头脑风暴，大家共同探讨各自的观点，将所有的观点和问题都列举出来，最后形成一个或几个最有价值的结论作为设计发展方向。对于由强势领导或著名设计师主导的团队来说，项目从始至终都会由主设计师来把控，最后会形成非常强烈的设计师个人风格，这也是其项目魅力所在。

某图书城项目
Perkins & Will 供图

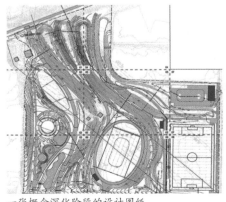

一张概念深化阶段的设计图纸
Perkins & Will 供图

■园林篇

概念设计阶段常用软件■

概念设计阶段的常用软件一般有 Adobe 家族的 Photoshop（表现图和分析图制作）、Indesign（文本排版）和 Illustrator（分析图制作）以及 Autodesk 家族的 AutoCAD、Revit（平面工程图及建筑信息模型制作）、Rhino 和 SketchUp（电子模型制作）。

概念图，Enscape 模型创建
Perkins & Will 供图

施工图阶段常用软件■

施工图阶段的常用软件一般有 AutoCAD、天正建筑、湘园控规等。软件的不断发展使设计师拥有了更强大的表现工具及更高效的工作方式，但同时软件对人的要求也在不断提高。设计师只有通过不断学习才能将设计的经验和才能以时代所需要的方式呈现出来。

苏州科技馆，Revit 数字模型创建
Perkins & Will 供图

施工现场■

施工图绘制人员在施工图绘制完成后，需要到施工现场与施工人员进行施工交底，将施工的细节要求与施工方进行探讨，了解完成效果及潜在的问题，确保施工顺利进行。在施工过程中，由于场地不可抗力、设计疏漏和业主的新需求等因素，经常会出现提交施工变更的情况，这时需要修改部分施工图纸来解决问题。在园林工地上，隐蔽工程（地下管线、人防工程、道路基础等）、水利工程、苗木种植和景观铺装等所有工程都需要专业的技术知识，施工方和设计方都需要有不同层次的风景园林学科人才才能共同实现美好的蓝图。

无论是投资单位、设计单位，还是施工单位，都需要对整个过程有所了解，如此才能顺利地将风景园林的梦想逐步实现。

■社会与心理

随着社会的发展,风景园林学科的广度与深度已经不再局限于传统的造园设计,而是和社会学、心理学及环境行为学等多个学科交叉共融。风景园林通过研究使用者的心理与社会现象、通过设计来解决当下以及未来可能产生的社会问题。

风景园林师不是画图匠,而是通过设计手段解决问题的"社会学家"。社会学中经常讲的一个词是"现象"。随着现象产生的叫作"问题"。问题不单单可以通过经济、管理和政策等方式解决,也可以通过场地的规划设计来解决。

以"自然村落"理念设计的养老社区
栖城设计供图

■风景园林与生态文明

当前,民众对美好居住环境的呼声正越来越高。国家积极全面推进生态文明建设,目标是形成一个人、自然与社会和谐共生、持续繁荣的社会形态,为风景园林带来新的发展机遇和更大的发展空间。风景园林对美好生活环境和健康生态环境的建设具有重要意义。

平衡生活环境与生态环境的新发展模式
上海合旅建筑规划设计有限公司供图

■风景园林与生活、生态健康

风景园林的设计范畴包括环境生态系统。生态景观园林需要在满足自然生态系统健康的前提下赋予其美学和社会学意义。人类健康与自然健康密不可分,风景园林正是平衡生活健康与生态健康的重要基础。

■健康城市建设与风景园林

自古以来,风景园林中的药圃和药用植物园就能够帮助人们防病治病,优美的花园环境也有助于人们抵御疾病。

新的生活方式可能重塑城市面貌,进而影响有关公共卫生和健康的用地、设施的空间布局、规模和功能结构。

薄伽丘的《十日谈》描写的就是14世纪欧洲黑死病高峰期间的情形。工业革命之后,人口大量涌入城市,而城市基础设施严重不足,拥挤的居住条件、肮脏的卫生状况和污浊的空气质量诱发了伤寒、霍乱、痢疾和肺结核等传染病的流行。这些现实促进了城市公园的建设,政治家们希望通过增加城市中的绿色空间来改善城市环境,提供户外活动场所,进而减少疾病的发生。

某规划项目
上海合旅建筑规划设计有限公司供图

依据生态调研成果的昆明世博园步道系统规划
上海合旅建筑规划设计有限公司供图

上海迪士尼星愿公园的自然教育活动
【自然种子】供图

关注生态健康：构建绿色生态网络■

随着城市化步伐的加快，持续扩张的城市建设用地导致物种栖息地不断流失，生态环境破碎化问题日益严重。面对不断恶化的城市生态环境，如何化解城市发展和生态环境之间的矛盾、探索城市的可持续发展成为中国城市发展的重要课题。绿色生态网络作为一种保护和恢复自然资源的整体方法，对引导城市空间可持续发展、解决城市生态环境问题具有重要意义。绿色生态网络涵盖文化遗产保护、游憩资源整合等功能，将各种生态和人文的资源点与城市功能空间相联系，形成连贯的城市绿色空间网络，对创造城市宜居环境具有重要作用。

关注生态健康：生态调研■

生态调研一般包含气候、地形地貌、土壤概况、水体与湿地、林地丰富性、鸟类多样性、兽类多样性、昆虫类多样性、两栖/爬行动物类多样性等生物物理环境要素以及植被碳储等调查分析内容。生态调研结果是区域规划发展尊重生态环境的前提，在当前全国国土空间保护工作的框架下，也是区域自然资源资产统计的重要依据。

关注生活健康：自然缺失症■

2015 年 7 月，红树林基金会在深圳发布了《城市中的孩子与自然亲密度的调研报告》。

报告显示：在全国调研中，16.33% 的孩子有自然缺失症倾向。从这一比例来看，如果再不采取措施，自然缺失症可能会演变为一个社会问题。

■关注生活健康：园艺疗法

人们意识到，良好的环境不仅可以预防疾病的发生，还有助于治疗某些疾病，比如肺结核。在抗生素出现之前，肺结核是欧洲国家的主要致死疾病之一，其主要治疗方式就是让病患在清净优美的环境中呼吸新鲜空气、多晒太阳来静养身体。人类必须居安思危，更加注重公共卫生和健康；必须敬畏自然，尊重生态平衡，与自然和谐共处。

园艺疗法（Horticulture Therapy，又叫园艺治疗）是一种辅助性的治疗方法（职能治疗、代替医疗），借由实际接触和运用园艺材料、维护植物或盆栽和庭园、接触自然环境而纾解压力与复健心灵。目前园艺疗法被运用于一般疗育和复健医学场所，如精神病院、教养机构、老人和儿童中心、医疗院所或社区。

■关注生活健康：未来花园

现状市政公园绿地多被一条路或者一条跑步道贯穿，缺乏可以组织活动的场地，访客参与性弱，人与自然难以亲近。

未来花园倡导健康生活方式，传播自然正能量，传承本地文化，展现 Nature+ 新场景，承载创意型公共活动，搭载智慧型新应用技术，可提供自运营的短半径、共享型自然体验服务。

未来花园价值观
上海合旅建筑规划设计有限公司供图

■关注生活健康：创建社区花园空间

传统市政公园绿地设计呆板、活动单一、参与性弱，无法满足居民越来越高的绿色消费需求。人们将越来越多的时间和消费局限于社区，围绕社区中心的"15分钟生活圈"是市民活动的"第一层空间"，也是他们就近参与城市公共活动最频繁的空间载体，因此，设计师需要创造可互动、可参与的花园空间，以满足疫后时代居民健康生活的新需求。

共享社区花园
上海合旅建筑规划设计有限公司供图

上海创智农园——【自然种子】蝴蝶花园
【自然种子】供图

■总结

风景园林的发展与"健康"息息相关：为治病建造了药圃；为呼吸新鲜空气建造了花园；为公民生活健康创建了城市绿地空间系统；为生态环境可持续发展涌现了绿色生态网络研究……风景园林的整个发展过程就是一个追求人类健康与自然健康平衡的过程。

第二十二章

风景园林怎么学?

　　自然使我们带着欲望和欢乐去做每一件迫于生存而做的事。

　　　　　　　　　　　　　　　　——塞内加

■风景园林本科培养目标

　　风景园林本科的培养目标是将学生培养成具备人文社科、艺术设计、生态环境、景观设计及工程技术的综合知识，了解风景园林行业的前沿动态，具有创新意识和国际竞争力，能在风景园林规划与设计、城乡建设、环境保护、园林植物资源开发与应用等相关企事业单位和政府部门从事各类绿地规划与设计、风景园林工程经营管理、园林植物栽培与经营的复合型高级专业人才。简言之，其目标主要是培养具有优秀的综合素质、实践能力和创新精神的高层次风景园林规划与设计、建设与管理人才。

上海交通大学（一）
吴炯供图

上海交通大学（二）
吴炯供图

从求是亭看天津大学建筑学院
耿华雄供图

■风景园林本科培养方式

　　风景园林学科本科生的培养强调理论教学和实践教学并重，尤其注重实践教学环节，提高学生运用理论知识进行园林艺术创作和规划设计的能力；毕业设计和专业实习等培养方法相互交融，重点培养学生综合运用所学知识和技能独立解决实际问题的能力；课堂教学和大学生素质拓展计划两个阵地贯穿于整个教学实践过程，通过各种设计竞赛、名师讲堂、社团活动、社会实践及就业实习等教育环节，强化学生的专业知识和技能，提高学生的综合素质。

天津大学敬业湖夕阳
耿华雄供图

风景园林本科课程体系构成■

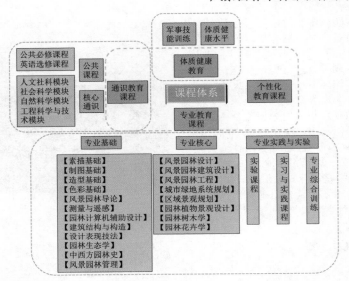

风景园林本科课程体系构成
上海交通大学供图

通识教育课程■

通识教育课程是学校公共课程，一般由两部分组成，即公共课程和核心通识课程。公共课程含公共必修课程与英语选修课程等；核心通识类课程则包括人文社科、社会科学、自然科学、工程科学与技术模块课程。

个性化教育课程■

个性化教育课程是学生可任意选修的课程，学分来源为除本专业培养方案中通识教育课程、专业教育课程和体质健康教育课程三个模块要求的必修和选修课程之外的所有课程。

基础类专业教育课程■

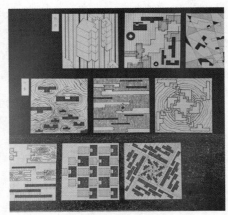

上海交通大学 2020 级折潇姿作业
上海交通大学供图

基础类专业教育课程一般包括素描基础、制图基础、造型基础、色彩基础、风景园林导论、测量与遥感、园林计算机辅助设计、建筑结构与构造、设计表现技法、园林生态学、中西方园林史和风景园林管理等。

■核心类专业教育课程

核心类专业教育课程一般包括风景园林设计、风景园林建筑设计、风景园林工程、城市绿地系统规划、区域景观规划、园林植物景观设计、园林树木学和园林花卉学等。

■实践与实验专业教育课程

实践类专业课程包含实验课程、实习与实践课程和专业综合训练。实验课程包括园林植物基础实验与植物生理学实验。实习与实践课程包括专业认知实习（如去苏州、杭州等古今园林胜地进行认知学习）以及园林生态综合实习等课程。

上海交通大学 2017 级张陈缘作业
上海交通大学供图

■毕业设计（论文）

毕业设计(论文)属于专业综合训练，不仅要使学生将所学过的知识和技能融会贯通，还要求他们掌握将其综合运用于实际的方法，培养他们的创新与工程实践能力。

■体质健康教育

风景园林设计专业的体质健康教育包括军事技能训练以及对学生的体质健康水平进行测试考核。

上海交通大学 2013 级李晓彤作业
上海交通大学供图

■风景园林学制、毕业条件与学位

风景园林学制一般为 4~5 年。学生达到本专业培养目标及相关要求，修完本专业培养计划规定的课程及教学实践环节，取得规定的学分，完成毕业设计（论文）且通过答辩，准予毕业，按照《中华人民共和国学位条例》规定的条件授予工学学士学位。

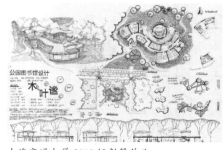

上海交通大学 2019 级彭赞作业
上海交通大学供图

国内风景园林院校发展■

我国第一个真正意义上的风景园林教育体系是 1951 年由北京农业大学园艺和清华大学建筑系联合创办的造园专业。1956 年大学院系调整时，此专业被调整到北京林学院（现北京林业大学），并参照苏联的模式改名为城市及居民区绿化系，1964 年又改名为园林系。该系在 1980 年后发展为两个专业方向，分别为园林设计方向与园林植物方向，并逐渐形成了两个学科。1981 年正式建立了风景园林规划与设计专业硕士点，1993 年建立博士点，与国际上的风景园林（Landscape Architecture）专业对应接轨[1]。

随后风景园林规划与设计学科不断发展壮大，除北京林业大学外，同济大学和苏州城建环保学院等工科院校、南京林业大学和东北林业大学等农林院校也都设置了风景园林规划与设计专业[1]。风景园林本科教育于这一时期得到了全面的发展，其专业教育思想包括前瞻性的教育思想、开放多元的教育理念和探索创新的教育方法[2]。

2011 年，风景园林学晋升为国家 110 个一级学科之一。

上海交通大学 2016 级夏令怡作业
上海交通大学供图

当前国内风景园林院校构成■

自 1951 年成立造园专业至今，全国已有 200 多所院校开设了风景园林、园林及相关本科专业。当前国内院校中开设风景园林学科的大学主要包括传统的建筑强校（如清华大学、同济大学等）、传统的农林院校（如北京林业大学、南京林业大学等）、综合性大学（如上海交通大学、华中科技大学等）和美院类高校（如中国美术学院）。

在课程设置方面，传统的建筑强校依托强大的建筑与城乡规划学科背景，把建筑设计作为重要的专业基础教育内容；传统的农林院校则强调园林植物基础与应用教育；综合性大学重视规划设计、生态和植物等多个学科的交叉融合；美院类高校则更偏向于设计的艺术表达与创新（表 1）。

表 1

国内代表性风景园林院校特色

高校类别	代表学校	学制	学分	课程类别	人才培养与课程特色	专业核心课
农林院校	北京林业大学	4年	196	通识教育 学科基础教育 专业教育 综合拓展	采取"两翼并重、两渠相融、两阵贯穿"的专业培养方式。学科教学和实践教学两翼并重,毕业设计和南北方实习两条综合培养渠道相互交融,课堂教学和大学生素质拓展计划两个阵地贯穿整个教学实践过程	园林树木学 园林花卉学 风景园林建筑设计 风景园林设计 城市绿地系统规划 园林植物景观规划 风景园林工程 风景园林综合实习
农林院校	南京林业大学	4年	157	通识教育 专业教育 实践教育 创新拓展	注重文化与空间营造、技术与生态结合,强化硬质景观规划设计与营建的教学内容和深度。依据学生特点与兴趣,培养在工程设计或风景园林规划方面与传统农林院校或建筑院校相比具有显著竞争优势的风景园林专业复合人才[3]	园林建筑设计 园林工程 古典亭廊设计 风景园林规划设计 种植设计 风景园林遗产保护与管理 风景园林综合考察
建筑强校	清华大学	4年	168	通识教育 专业教育 自由发展课程	课程体系具有"学科融贯、知行兼举"的特色。要求学生具备宽广的知识面和较强的形象与抽象思维的能力。培养具有优秀的综合素质、实践能力和创新精神的高层次风景园林规划与设计、建设与管理人才	建筑设计 风景园林设计 人居科学基础 走进风景园林 风景园林规划理论 风景园林植物学 风景园林工程 风景园林遗产保护 区域与景观规划原理
建筑强校	同济大学	4年	218	公共基础课 专业基础课 专业课 公共选修课 实践环节 课外安排	面向整个国土、城市与乡村的人居环境建设,服务城市与乡村景观建设,城市规划与设计,风景名胜区、旅游区、国家森林公园规划设计等部门与规划设计院[4]。课程体系模块化,注重核心知识体系构建和方法训练,主线模块兼顾风景园林规划设计训练的深度和广度;强调对学生自主学习能力的培养;突出人才培养的通识性、引领性、综合性与工程性[5]	风景园林规划与设计 风景园林历史理论与资源保护 风景资源学 景观游憩学 园林工程与管理技术 景观规划设计原理 风景区规划原理 城市绿地规划设计原理 种植与生态专项设计
综合性大学	上海交通大学	4年	168	通识教育 专业教育 实践教育 个性化教育	人才培养定位是"复合型、创新性、国际化"。课程体系以设计学院公共平台为基础,强调规划、植物、生态三类专业核心课程的融会贯通;创新师资队伍,实现与国际风景园林大师和知名设计师的联合执教;通过模块化专业选修课模式,打通本硕课程体系;重视实践能力和科研能力的综合运用,培养具有创新能力和哲匠精神的高级风景园林专业人才	风景园林设计 风景园林建筑设计 园林花卉学 园林树木学 植物景观规划设计 区域景观规划 风景园林工程
美院类高校	中国美术学院	4年	210	专业设计课程 理论课程 媒介表现课程 工程技术课程	课程紧扣专业定位。坚持以"场地"为核心,以"文心"+"匠艺"两条线索平行展开系列课程的建设。"文心"观的课程做好当代造园的山水文章;"匠艺"观的课程在劳作上手中探讨风景园林学的造园工匠精神	景园设计(亦园亦宅) 景观开端: 自然场地的认知与表达 风景区规划(如画的风景) 开放空间造园 景园艺匠 景观都市国际工作坊

开设风景园林专业的高校■

目前，国内设置风景园林专业的高校日渐增加，这表明该专业具有较为广阔的发展前景。

在国内高校中，风景园林学科进入"双一流"建设名单的高校共有四所，分别是北京林业大学、清华大学、同济大学和东南大学；风景园林专业拥有较高知名度的高校还有天津大学、华南理工大学、西安建筑科技大学、哈尔滨工业大学、重庆大学、南京林业大学和东北林业大学。

在具有地区影响力的知名农林建筑院校中，属于华东地区的有福建农林大学、浙江农林大学、浙江大学、上海交通大学、苏州大学、南京农业大学、合肥工业大学和安徽建筑大学等；属于华中地区的有华中科技大学、华中农业大学和中南林业科技大学等；属于华南地区的有华南农业大学等；属于西南地区的有四川大学、四川农业大学、西南交通大学、西南大学、西南林业大学、昆明理工大学、广西大学和贵州大学等；属于西北地区的有西北农林科技大学和长安大学等；属于华北及东北地区的有中国农业大学、中国林业科学研究院、沈阳建筑大学、东北农业大学、延边大学、北京建筑大学、山东建筑大学和吉林建筑大学等。

国内其他开设风景园林专业的高等院校还有湖南农业大学、河北农业大学、山东农业大学、沈阳农业大学、河南农业大学、江西农业大学、甘肃农业大学、云南农业大学、吉林农业大学、山西农业大学、内蒙古农业大学、新疆农业大学、北京农学院、青岛农业大学、重庆交通大学、广东海洋大学、南京工业大学、大连工业大学、广州大学、成都理工大学、浙江理工大学、青岛理工大学、桂林理工大学、石家庄铁道大学、贵州师范大学、北华大学、天津城建大学、上海应用技术大学、河南科技大学、河南科技学院、苏州科技大学、仲恺农业工程学院和聊城大学等。

天津大学北洋亭前水景
耿华雄供图

天津大学北洋广场雕塑与彩虹
耿华雄供图

参考文献：
[1] 李雄 . 北京林业大学风景园林专业本科教学体系改革的研究与实践 [J]. 中国园林 , 2008(01):10-14.
[2] 刘滨谊 , 唐真 . 冯纪忠风景园林专业教育思想、实践及其传承研究 [J]. 中国园林 , 2014,000 (012) :9 -12.
[3] https://yuanlin.njfu.edu.cn/newsshow.php?cid=320&id=1950
[4] https://landscape-caup.tongji.edu.cn/10585/list.htm
[5] 李瑞冬 , 金云峰 , 沈洁 . 风景园林专业本科教学培养计划改革探索——以同济大学风景园林专业为例 [J]. 风景园林 , 2018, 025(0z1):6-8.

第二十三章
我的未来在哪里?

　　设计作品成败与否只能通过其对人类健康和幸福各个方面的长期影响来进行切实评价。除此之外,对建筑、景观设计和城市规划的评价毫无意义。

——诺曼·牛顿

根据不同的分类方法，如地域、尺度、土地、风格和目的等，风景园林的景观空间有各种类型。从地域分类来看，可以分为中式园林和西方园林（法式、英式、德式）等；从尺度分类来看，可以分为大尺度景观（如西湖）、中尺度景观（如社区景观）和小尺度景观（如私家庭院）等；从土地分类来看，可以分为文旅小镇景观、公建景观（如城市绿地）、商业办公景观、酒店景观、地产景观和主题乐园景观等；从风格分类来看，可以分为古典园林和现代景观等；从目的分类来看，可以分为城市新造景观、城市更新景观和乡村振兴景观等。

杭州龙湖春江悦茗社区景观
安道设计供图

万科良渚文化村景观
安道设计供图

企业会根据自身的价值观和资源实力投身于不同的行业板块中，拿地后会联合政府或其他企业进行不同类型的空间营造和服务开发。

比如有的文旅公司主要承接文旅景观项目，有的风景园林规划设计院主要承接城市公建景观项目，有的民营企业主要承接地产和商办景观项目，有的小民营企业主要承接私家庭院等业务。

设计师去不同类型的企业（央企、外企、私企等）工作，就会接触到不一样类型的风景园林项目，项目操作流程和职业发展路径也会大不一样。

央企：项目类型偏向大尺度，一般与政府合作更多，培养综合型人才。

外企：分工比较明确，设计氛围较好，相处较平等，制度较完善。

私企：设计与公司文化氛围较好，设计师的学习和成长机会较多，可以挑选自己感兴趣的板块发展。

■项目流程

每个企业因为自身的架构不同、承接项目的类型不同，项目的操作流程也不一样。下面以地产景观的常规项目操作流程为例进行说明。

项目启动：地产开发商拿地，得到项目信息和总图图纸。

项目设计：地产开发商找到建筑设计院、风景园林设计院和室内设计院等设计方做相关专业的图纸设计，包括概念设计、方案设计、扩初图设计和施工图设计等。

在此阶段中，我们要在各种限制条件下给出空间策略，推进理想设计方案的进展。甲方和乙方以及其他专业都会联动合作，把想象落实进图纸。因此，这是整个项目中非常重要的时期。

项目招投标：地产开发商根据设计图纸进行招投标，找施工单位、苗木供应商、器械供应商和材料供应商等现场施工配合单位。

项目施工：地产开发商对施工现场进行把控，设计院配合开发商与现场施工单位做图纸对接，适时去现场巡检，针对图纸落地情况给出改进建议。这个过程要把图纸落成现场实景，也是一个非常重要的控制时期。

项目落地。

项目流程示意图
安道设计供图

■项目设计五大阶段

概念阶段
15% 时间占比
由总监、项目经理与甲方沟通，了解项目背景（成本、节点等）和建筑材料，提出前期可优化建议，争取最优景观条件。
根据资料提出总图策略、概念构思和景观空间意向。

方案阶段
30% 时间占比
开方案启动会。
由项目经理带领项目主创和团队深化总图，深化模型，渲染效果，编排文本。
由项目经理或主创与甲方沟通，取得一致意见，约见汇报。
由项目经理进行汇报，根据相关意见进入下一轮方案深化调整，直至方案通过。

扩初图阶段
25% 时间占比
开扩初启动会。
由项目主创向施工图设计师和植物设计师等介绍该项目情况。
由项目主创团队提供给施工图设计团队，合作完成扩初图纸。
这一过程也是验证方案的过程，会边画图纸边优化方案细节。

施工图阶段
25% 时间占比
由施工负责人牵头，对接甲方和建筑设计院、施工设计院等外部专业口，植物、水电结构等内部专业口也需要进行工作配合，共同完成需要招投标的图纸。
根据图纸进行成本预算，若超出预算则需要将方案进行适当的优化。

后服阶段
5% 时间占比
施工期间，施工图负责人、项目主创和植物负责人去现场把控效果。

项目设计五大阶段
安道设计供图

风景园林方案设计阶段示意
安道设计供图

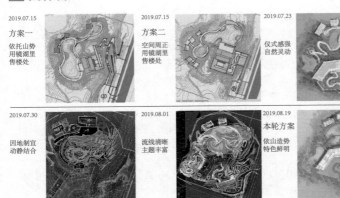

2019.07.15
方案一
依托山势
用镜湖里
售楼处

2019.07.15
方案二
空间周正
用镜湖里
售楼处

2019.07.23
仪式感强
自然灵动

2019.07.30
因地制宜
动静结合

2019.08.01
流线清晰
主题丰富

2019.08.19
本轮方案
依山造势
特色鲜明

方案深化流程
安道设计供图

职业分工 ■

每个企业因为自身架构的不同，项目中人员的分工也不同。

风景园林设计师：负责空间中看得见的部分（如道路、水景、景墙、廊架等）的设计。

施工图设计师：主要负责空间中看不见的部分（如道路基础和水景基础等）的设计和工艺做法。

植物设计师：负责为空间做植物搭配（如花境、组团等），需要从形态和季相等方面进行综合考虑。

儿童器械和场地设计师：儿童乐园是较受重视的板块，很多企业会推出子品牌，由儿童器械和场地设计师负责做专业设计。

装置小品设计师：配合景观方案的主题概念，设计相应的装置小品。

研发团队：配合公司内部或者甲方做相应课题的专项研究。

职业发展路径 ■

以方案设计师的发展为例，毕业生进入职场后，有偏技术和偏管理两条职业发展路径。不同的职位在项目推进过程中需要解决不同的挑战。

助理设计师：负责散点任务包，需要学习完成如彩平制作、彩平绘制、文本编排、总图绘制、三维模型和效果渲染等任务包。通过轮岗能接触到不同的任务包，可以发现自己的优势，找出自己喜欢什么或者擅长什么内容。

风景园林设计师：负责在保证质量的前提下完成设计流程上的大多数任务包。

设计主创：牵头完成整个项目的设计，并学会将任务包进行拆解，在有限的时间内利用团队的力量推进项目。

项目经理：带领团队推进多个项目，负责对内、对外的沟通协调。

总监：负责引流和筛选项目、带领部门推进项目、组建和培养团队以及创造品牌和效益。

■关于专业性

很多人对设计行业的专业性有一定的误解，认为风景园林设计是人人都可以胜任的。诚然，每个人都有属于自己的创意，但这种创意要想真正在现实世界中实现，则需要依托专业的知识与实践。专业与业余的区别或许就在于如何才能让想法更好地落地。学生在学校虽然已经有了一定的专业知识积累，但与真正的职业设计师相比还是有一定距离的。这段距离的缩小需要通过项目实践的经验积累来逐渐完成。

桃花源
栖城设计供图

■关于合作

设计界没有真正的"孤胆英雄"，专业作品的背后是专业团队的密切合作。合作不仅体现在不同专业（建筑、景观、室内、机电和结构等）之间的配合上，也体现在每位团队成员之间的合作上：成员之间需要共同讨论，分头推进，相互检验。"合作精神"是设计公司非常看重的品质，公司希望设计师能具有良好的"角色感"，如此才能与其他同事一起，共同凝聚起团队的强大合力。

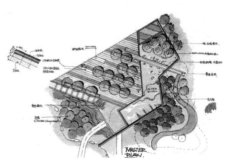

某景观设计手绘平面
栖城设计供图

■关于生活

良好的设计想法来源于良好的生活品质。设计师可以经常去参观展览，听音乐会，或者去一些有趣的地方进行探索。有些设计公司会每天提供精致的下午茶，每年组织公司旅游，举办盛大的年会和惊喜不断的部门活动。

工作不是生活的全部，但它确实占据了设计师非常多的时间，因此，它理应成为设计师生命中精彩的组成部分。所以，加油吧，未来的设计师们！

栖城设计的办公空间（一）
栖城设计供图

关于信念■

一名职业设计师的成长道路是快乐而艰辛的。许多人在遇到困难时会感到疑惑与彷徨，会思考"为什么要从事这个职业，它究竟带给了我什么样的生活意义"这样的问题。只有对专业有坚定信念的人，才能抵御压力，不让设计工作异化为简单的挣钱手段。

栖城设计的办公空间（二）
栖城设计供图

关于责任■

尽管设计在很多人看来是件有趣的事情，但它从本质上来说却是严肃甚至"神圣"的，因为设计师要为此承担重要的责任。由于设计成果主要是面向公众并为之服务的，因此，它首先承载的是设计师对社会的责任感。当然，设计师既要对项目本身负责，还要对团队负责。设计过程中的任何一项工作都会影响团队的高效合作甚至项目的顺利完成。

某公共景观
栖城设计供图

关于进取■

优秀的设计师永远不会对自己的作品百分百满意。他会永远对未知的事物保持强烈的好奇心，永远对设计品质有着不懈的追求。

为此，行业内的代表性设计公司会在内部设立专项奖励机制，用来激励那些在设计中不断追求进步的设计师。他们哪怕只是提出一个微小的创新想法，只要能够被付诸实施，就值得被奖励。没有什么想法会突然从天而降，它一定来自于设计师平时无数的思考与实践的积累。

■房地产企业各部门及其工作职能

房地产行业是一个全产业链行业。房地产企业的运营需要内部各部门的通力合作，从前期拿地、产品定位、产品设计、营造、销售到后期的客户服务等，每个环节都需要不同部门的参与。房地产企业通常有如下部门：投资发展部，负责发现、拓展项目，测算评判是否要开发一个项目；研发设计部，负责产品设计；成本管理部，负责成本的把控；项目管理部，负责项目工程管理；财务管理部，负责财务相关内容；人力行政部，负责人力相关内容；前期开发部，负责开发过程中的报批报建等内容；客户关系部，负责维护客户关系、规避投诉风险等内容；法务管理部，负责把控相关法律风险；营销管理部，负责销售相关的内容；运营管理部，负责项目整体的进度把控；品牌管理部，负责公司的整体对外品牌宣传。不同公司根据其业务类型及组织架构的不同，会有不同的部门划分。

房地产企业部门构成
睢欣悦供图

■风景园林专业人员在房地产企业的职业发展路径

房地产企业内风景园林专业人员的发展路径基本有两条：专业路线和综合管理路线。本专业人员往往会先沿专业路线发展，从设计管理人员升为主管、经理、总监，然后逐步加大管理半径，从单一管理一个或几个项目发展到管理一个城市分公司或一个区域的风景园林设计，直至发展为公司的风景园林设计管理负责人。本专业人员也可以走综合管理路线，尝试跨专业发展，

房地产企业风景园林专业发展路径
睢欣悦供图

由单一管理风景园林工程发展到管理整个工程部，最终可能会成为某一城市或区域工程管理负责人，也要经历一个管理半径不断增大、管理部门逐渐增多的过程。

■风景园林专业人员在房地产企业的主要工作职责

房地产企业部门众多，打造产品只是众多环节中的一环，且这一环中又包含了许多不同的专业。只有每个专业协同合作，相互配合，才能打造出好的产品。一般每个专业都会有设计管理和工程管理之分，其中设计管理主要负责图纸的对接和评审等工作，工程管理则主要负责现场的施工管控工作。风景园林专业对现场施工的把控要求比较高，在一些房地产企业里，它的设计和工程是不分开的，一般由一个人整体负责管理。

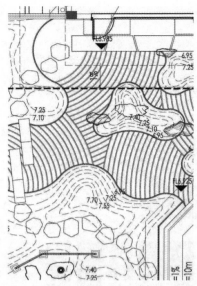

某地产项目风景园林设计图纸
睢欣悦供图

从事房地产企业风景园林工作需要的技能■

房地产企业的风景园林工作对从业人员的专业能力有一定的要求，同时对其沟通和协调能力也有较高要求。若想顺利进入房地产企业并在其中有较好的职业发展，在学校里首先要夯实自己的专业知识，不仅要对本专业的图纸有基本的审核及判断能力，对建筑、结构和机电的图纸最好也要具有一定的读图及理解能力，这样在审图的时候才能有针对性地发现图纸中的问题。对一些工程上的相关知识也要有一些了解，包括施工流程和工艺做法等。只有了解了工程是如何被逐步做出来的，才能对工程现场进行管控。同时，由于企业内众多部门及外部供应商之间会有大量的接触和联系，所以这项工作对从业人员的组织协调及沟通能力也有较高的要求。学生在学校里可以多参加社团活动，提升自己的沟通协调能力，这有利于未来的职业发展。

文旅策划咨询公司的业务范畴■

文旅策划咨询公司的业务范畴较广，一般包含文旅产业的策划、规划、建设、投资和运营管理业务，涉及文化旅游项目、城市/乡村开发项目的开发建设咨询顾问、项目研究、策划规划、建设投资、工程设计及运营管理等。近几年，"视频化+互动化+IP化"已成为文化旅游消费的新趋势，一些互联网实力型企业也在纷纷布局线下文旅场景，基于文旅产业创新发展的新产品研发及科技数据平台业务也在逐渐兴起。

文旅策划咨询团队的特点■

华侨城张家口城市会客厅项目
上海合旅建筑规划设计有限公司供图

文旅策划咨询团队一般呈现出综合和多元化特点，通常由旅游、城市规划、建筑、风景园林、大数据、金融和教育等跨专业人才组成。鉴于文旅行业的前沿性，同时为了跨专业团队的自身成长，文旅策划咨询公司一般会给团队提供国内外项目考察、展会学习和专业技能培训等丰富的学习交流机会。风景园林专业人才在文旅策划咨询团队中，既要巩固提升自身的规划设计能力，还要抓住公司提供的多样培训机会，培养自身沟通交流、组织协调、投资研判、创意策划、运营管理及科技创新等方面的综合能力。

■文旅策划咨询公司的策划规划类项目介绍

策划规划类项目是传统业务类型，一般以"谋划—策划—规划"三位一体的工作思路为综合文旅项目提供可行性解决方案。例如，昆明世博园作为1999年世博会的举办地，为昆明的城市记忆提供了载体。二十年后，策划团队提出了"融园入城、连片综合"的改造提升核心策略，以"城市活力轴""文化记忆轴"和"自然生态轴"为线索，以"特色商业""旅游休闲""文化创意"和"生态康养"四大产业功能为导向，提出了八大产品空间区块和二十项核心产品的组合创想，以此再展昆明的世博蓝图，复现当年的世博光华。

昆明世博园改造提升项目
上海合旅建筑规划设计有限公司供图

■文旅策划咨询公司的产品研发类项目介绍

有两类产品研发项目：一类是为项目组织内部环境服务的，如研发搭建案例平台、测算平台和资源平台等，目的是提升组织内部的创新能力；另一类为产品原型设计研发。文旅策划咨询项目与纯粹的规划设计项目不同，做的是有主题、有产品、有内容的概念策划规划，因此自主研发文旅产品是保障项目成果落地运营的重要途径，也是文旅策划咨询公司的独特竞争力。

某组织内部的产品研发框架
上海合旅建筑规划设计有限公司供图

某自然教育及体验创新产品
【自然种子】供图

上海欢乐谷自然种子馆
【自然种子】供图

■风景园林专业人员在文旅策划咨询公司的职业发展路径

风景园林专业人员在文旅策划咨询行业的就业方向有文旅策划规划设计院或者公司、政府相关部门、开发商的规划设计管理部门和商业管理咨询公司等。

以常见的文旅策划咨询公司为例，风景园林专业人员在其内部的职业发展一般可分为四个阶段：项目专员阶段、项目主创阶段、项目负责人阶段和项目总监阶段。在第一和第二阶段，专业人员需要利用自身的方案能力和创意设计能力协助团队完成某项任务；在第三阶段，专业人员除了要熟悉文旅行业策划规划的工作流程外，更需要通过较强的项目组织能力实现跨平台工作，并带领团队独立完成某一项目；在第四阶段，专业人员需要突破纯粹的技术或技术管理工作，全面管理部门的各项工作。

国有设计院与民营设计院的区别■

国有设计院的特点是以政府为支撑，具有资质高、信誉好、名气大等优势，易接触到大型重点公共类项目，如城市公园、轴线广场、滨水景观和市政空间等，其管理方式相对传统，职位稳定，需要从基层逐步晋升。

民营设计院的特点是管理方式灵活，市场业务范围广，可以在短时间内磨炼并提高新人的能力，但相对容易受到市场的牵制和制约。

一般来说，国有设计院的设计实力和人员配备水平较高，在总体层面上可以提供优质的工作氛围和稳定的收入。但如果个人专业实力较强，进入民营设计院后收入可以更高，自由发挥的空间也更大。应届毕业生可以根据自身的需求和优势，选择适合自己的工作单位。

对专业设计院的选择■

与规划和市政等专业相比，风景园林专业由于设计流程相对靠后且技术门槛低，因此专业的话语权相对较少，工作相对被动，设计费也比较低。在相关专业设计院的选择方面，规划设计院内的风景园林专业能够从规划层面掌握政府的建设方向和政策前端优势，较建筑和风景园林设计院更具有主导性。

进入国有设计院应该怎么做■

大型国有设计院的竞聘难度大，能够在其中工作是非常难得的机会，尤其是在那些具有风景园林甲级设计资质的单位工作，机会更为难得，应该珍惜。毕业生刚进设计院时就可能会迎来强度极大的工作量，任务饱满，锻炼的机会多，此时是学习的最佳时机，会为日后个人的专业技术及业务水平提高打下良好的基础。同时，毕业生刚入职期间的表现也会受到同事及领导的关注，需要充分发挥个人的主观能动性，保持工作上的积极和谦逊态度，以争取在同批新入职的同事中脱颖而出。

国有设计院的工作方式■

一般国有设计院均以项目所或项目组为单位。在团队里，个人若能熟悉每个岗位的工作内容和业务情况，或具有全过程参与前期规划、方案设计、施工图设计和植物设计的经验，就可以进一步细化选择能充分发挥自身优势的专项领域，形成个人在某类项目上独当一面的专长。

■风景园林专业人员在国有设计院的职业发展路径

一般而言，国有设计院内风景园林专业人员的发展路径为设计助理—设计师—主创设计师—设计组长—部门总工—部门管理者，职业发展路径相对简单，但过程较为漫长，从助理晋升到设计师正常来说需要三年，晋升到主创则需要至少八年以上。在这个过程中，个人也可以根据自身特长面向管理岗位或专项技术岗位进行调整。

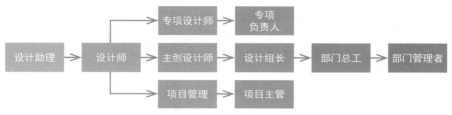

风景园林专业人员在国有设计院的职业发展路径
沈子茜供图

某国有设计院的办公空间
沈子茜供图

■职位的晋升基础是个人能力的提升

设计师的本领是在项目中磨炼出来的。没有项目经验的支撑，设计师的进步就会很慢，发展也会停滞。想要尽快提升自己的能力水平，设计师首先要保证踏踏实实地做好每一个被分配的项目，把对应的规范和技术要点都掌握扎实，巩固好理论基础，做一类会一类，会一类通一类，不断提升自己。只有这样，设计师才有可能逐步进入上升通道。在自己达到主创设计师的水平后，可以考虑考取相关注册证书。注册证书可以为自己提供更宽、更广的选择。

■ 园林篇

EPC 简介 ■

EPC(Engineering Procurement Construction) 即工程总承包, 是指公司受业主委托, 按照合同约定对工程建设项目的设计、采购、施工和试运行等实行全过程或若干阶段的承包。通常公司在总价合同条件下, 对其所承包工程的质量、安全、费用和进度负责。

总包相关单位
Perkins & Will 供图

EPC 的兴起 ■

随着人类建设技术的进步, 现代工程建设与管理日益向专业化、规模化方向发展, 投资方独立进行管理的项目运作模式在时间、投资和质量严格控制的趋势下愈发难以为继。EPC 模式的产生是顺应市场发展的必然趋势。事实上, EPC 的兴起正是由于新的市场融资模式（如 PPP、BOT）的广泛应用。融资模式下的 EPC 项目更容易得以实施并取得成功。

EPC 的发展 ■

EPC 在我国已有多年的应用和实施经验, 这期间我国的建设行业也经历了快速的发展。在这种发展速度的背后, 可以看到众多 EPC 单位栉风沐雨、砥砺前行的身影, 如中国交通建设集团有限公司、中国电力建设集团有限公司和中国建筑股份有限公司等。它们不仅是中国工程行业的巨擘, 在海外市场也拥有较大的影响。

EPC 企业 ■

能够执行 EPC 项目的企业都是行业中的巨无霸, 它们都拥有将设计—施工—试运营全过程打通的实力。在复杂的大型市政工程项目中, 政府经常会选择实力雄厚、服务门类齐全的大型央企来执行 EPC 全面科学的管理项目。事实上, 我国风景园林行业所熟悉的一些外资设计单位（如美国 AECOM、瑞典 SWECO）, 在其本土都是以工程基建 EPC 为主要经营方向的, 它们从设计到施工会全程负责。但在我国, 它们则像其他专门从事设计的顶级全球事务所一样, 一般仅从事设计咨询服务工作。

■投资控制方面

项目总包方需要在项目立项时协助业主进行项目的投资成本预估，在项目的可行性研究阶段自行或与策划单位合作明确项目的经济指标和投入产出，在设计阶段合理控制设计方的造价预期，做好成本把控，在施工图设计阶段审查控制工程预算，并最终在施工过程中及竣工之后管理好变更及决算工作。

■进度控制方面

项目总包方需要与业主沟通制定整个项目的工作计划，同业主共同敲定各大板块（项目策划及可行性研究、方案与施工设计、施工与监理、投资及财会等）的工作时间，并与各板块分包单位协调确定各板块的项目进度安排。

■质量控制方面

分包单位的质量控制由总包单位负责。分包工程任务符合质量控制中的"他人控制"原则，对质量控制有利，而且会大大减轻业主方的管理工作量。

风景园林设计项目（一）
Perkins & Will 供图

苏州科技馆
Perkins & Will 供图

■合同管理方面

项目的总体投资结构、分包内容与形式等法律文件均应由总包方参与制定。一般情况下，所有分包合同的招投标、谈判以及签约工作也均由总包方负责。

■组织与协调方面

总包方负责项目各分包单位之间及与业主的组织协调工作，如工作会议的召开、各分包单位进度重叠与冲突情况的管理、业主意见及条件变更的沟通协调等。

Curtin 大学图书馆
Perkins & Will 供图

园林篇

EPC 单位职业初始

　　风景园林毕业生在总包单位一般都是从园林项目开始做起的。园林工程是总包项目中的一个重要门类，动辄数十公顷的大型市政公园、上百公里的高速绿化带工程都是常见的 EPC 项目类型。这些工程极其需要具有风景园林学科背景的人才在其中从事管理协调工作。但是，刚走出校门的毕业生往往会被分配到项目中去从事与专业相关的组织与传达工作，如与设计方进行方案沟通、组织与业主的会议、组织设计方与施工方的沟通会议等。在这一职业初始阶段，毕业生应主要以学习、观察和积累为主，努力从一个只有部分理论知识的学生逐步转变为具有基本从业知识的专业人才。

在 EPC 单位工作 3~5 年

　　在 EPC 单位工作 3~5 年后，随着专业知识和经验的积累，风景园林专业人员便有机会负责项目，成为项目的主要协调管理者，可以从头到尾主控一个项目的全过程。在这期间专业人员很有可能会频繁出差或驻场，会经历一段比较艰苦的时期。这种辛苦是有回报的，专业人员对于项目各阶段的实际经验和认识都会得到迅速增加。

风景园林设计项目（二）
Perkins &Will 供图

在 EPC 单位工作 5~8 年

　　在 EPC 单位工作 5~8 年后，风景园林专业人员有机会晋升为部门中层骨干，这时他将会负责一个区域的多个项目。这一阶段他还需要将职业技能转化成为职业技巧，灵活多变、高效地解决项目负责人员所上报的各种棘手问题。

风景园林设计项目（三）
Perkins &Will 供图

在 EPC 单位工作 8 年后

　　晋升顺利的佼佼者在规模较小的单位有机会逐步进入管理层，或成为资深项目管理人员。

■风景园林工程

由于总包方负责的内容涉及自项目立项、可行性研究、方案设计、施工设计、施工直至竣工验收的全过程，且其中还需要同步推进预决算、材料采买和设备采购等工作，尤其需要对工程方面进行深入细致的掌握和把控，因而风景园林学生在校期间就应十分注重工程实施方面知识的学习，尤其需要在书本之外更多地涉猎有关实际工程的知识。学生在校时可系统地学习园林工程系列的课程，如园林工程、园林苗圃和工程预算等，或在学习中增强工程方面的涉猎，如在设计制图课程中扩展学习施工图的设计流程及制图规范，在苗木学课程中多关注植物移栽成活率及种植需求等内容。

■无为而治

在相关课程的学习中，学生应形成专业的设计价值观及审美标准。总包工作中有时会需要管理人员组织业主甚至在必要情况下代替业主来与设计单位进行设计探讨。在这个过程中总包管理人员既要保证设计的美观适用，也要在造价及之后的施工可行性和便捷性方面做出平衡。总包管理人员并不需要像设计师一样完成出色的设计或绘制精美的图纸，但一定要能把控全局，让项目平稳落地，并在经济、功能、美观和效率等诸多方面达到较为完美的平衡。从事总包工作需要的也可以说是一种无为而治的能力，能做到让各专业人员各司其职并在问题和矛盾可能出现之前就及时预警并提前化解。

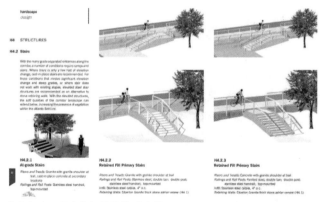

亚特兰大绿环项目中对不同台阶细节设计的比较
Perkins & Will 供图

■注册咨询工程师

在具有一定工作经验之后，推荐备考"注册咨询工程师（投资）"。首先，此证书在行业内具有较大的含金量，对于持证者的求职和职业发展具有一定的提升作用。其次，学习备考的过程也是一个知识扩展的过程。需要考试的四门课虽然对于风景园林学科的学生来说均比较陌生，但对于从事总包工作的人员来讲则大有裨益，有利于持证者专业身份的转换。风景园林人员实现向总包管理人员的转变不仅意味着身份的转变，同时也意味着视角的转变，有利于自身跳脱出对专业的关注，转而从项目的角度来看待问题。

园林篇

健康科学教育中心
Perkins & Will 供图

在 EPC 项目中，有的业主会提供详细的要求，包括对设计图纸、技术规范、对应工艺、材料的技术参数乃至品牌都会做出具体、细致的规定，而有的业主在招标时提供的文件则很少。不论是哪种情况，总包人员都应尽量与业主进行充分的沟通和协调，以化解总包方面的潜在风险。

风景园林设计项目（四）
Perkins & Will 供图

功能是王道

理想状态的 EPC 模式是业主仅提供基于功能的原则和基础设计要求，而非详细的设计要求。总包人员在工作中应尽量引导业主向更整体、更具功能性的方向去思考。在某 EPC 项目中，业主的招标文件就仅提供了功能要求，减少了对承包商生产过程的控制，给予承包商足够的自由，最终工程取得了良好的建设效果。

设计要适度

总包人员切莫过度控制甚至参与设计。很多年轻的总包人员对专业设计工作十分迷恋，在协调设计单位的工作中会掺杂过多的个人情怀或过度追求设计的品质，这是不可取的。专业总包人员的视野应更宏观，重点应放在管理而非从前所学的专业内容上，如此才能使各方人员各司其职，保证项目的高效运转。

风景园林设计项目（五）
Perkins & Will 供图

■高等院校成为重要就业选择

就业作为民生之本，是衡量高等院校人才培养质量的重要标志。近年来，随着我国经济社会发展进入新常态，就业形势的复杂性与严峻性日益突出，毕业生就业面临全新挑战。我国风景园林学科致力于培养风景园林规划、设计、保护和管理方面具有较强专业能力、职业素养和创新性思维的应用型、复合型高层次人才，毕业生就业选择呈现出专业化与多元化趋势，到高等院校就业已成为当前风景园林学科毕业生的重要选择之一。

北京林业大学则例亭
北京林业大学园林学院供图

■高等院校就业路径及方向

风景园林学科毕业生到高等院校就业的职业路径主要包括教学、科研以及管理三个方向，学生层次覆盖博士、硕士及本科毕业生。

以北京林业大学（简称"北林"）风景园林专业（表 2）为例，2018—2020 年，该专业已累计向高等院校输送毕业生 93 人，其中在 985 院校和 211 院校就业的人数占比为 56%，在普通本科院校就业的人数占比为 40%，在成人院校和独立学院就业的人数占比为 2%，在高职 / 高专院校就业的人数占比为 2%。北林风景园林毕业生到高等院校就业的人员数量与质量均维持在稳定状态，高等院校已成为极具竞争力的就业方向。

表 2　　　　北京林业大学近三年到高等院校就业毕业生统计表　　单位：人

就业单位	2018 年	2019 年	2020 年	合 计
985/211 院校	17	17	18	52
普通本科院校	13	12	12	37
成人院校 / 独立学院	0	2	0	2
高职 / 高专院校	1	0	1	2
合 计	31	31	31	93

■高等院校就业专业人员培养目标

以北京林业大学为例，它作为中国风景园林行业领军人才的培养摇篮，依托开放式课程综合教学模式、交叉融合的模块化课程体系和国内外协同式教学组织形式，培养出大批具备扎实的风景园林理论基础与娴熟的风景园林实践能力的卓越人才，为高等院校教育教学工作提供了坚实的后备力量。

北林风景园林硕士高等院校就业情况 ■

北林风景园林学科硕士毕业生在高等院校承担教学任务的人员比重较小，其任职院校多为普通本科及专科院校，如山西传媒学院和江西交通职业技术学院等。

北京林业大学园林学院毕业生
北京林业大学园林学院供图

北京林业大学校园（一）
北京林业大学园林学院供图

北林风景园林博士高等院校就业情况 ■

北京林业大学校园（二）
北京林业大学园林学院供图

北林风景园林学科博士毕业生从事教学工作的人员比重较大，约占博士毕业生总人数的60%。大部分博士毕业生在高等院校为专任教师，长期承担教学、项目研究以及部分行政管理任务，任职院校大部分为985/211院校，如清华大学、北京林业大学、南京林业大学等；还有小部分人员在工作期间继续攻读博士后学位，研究方向主要为风景园林、城乡建设、自然资源保护和旅游规划管理等领域。

北林毕业生在高等院校管理岗位上的工作优势 ■

北京林业大学风景园林学科以"综合运用科学和人文、技术和艺术的手段协调人与自然关系"为宗旨，注重培养学生的团队协作、多专业协作和创新意识，毕业生具有强烈的职业使命感、正确的职业价值观和良好的职业操守，在高等院校从事管理工作时具有突出优势。

北京林业大学校园（三）
北京林业大学园林学院供图

北京林业大学校园（四）
北京林业大学园林学院供图

■北林毕业生在高等院校管理岗位或工勤技能岗位上的工作

北林风景园林学科每年约有 3% 的毕业生到高等院校担任管理岗或工勤技能岗职务。管理岗主要负责党建思政、行政事务和宣传管理等工作；工勤技能岗主要负责物业和后勤等工作。他们的任职院校包括中国人民大学、中国农业大学和北京林业大学等。

北京林业大学园林学院学术活动（一）
北京林业大学园林学院供图

■风景园林毕业生高等院校辅导员任职情况

近年来，高校保研辅导员成为本科毕业生的热门就业选择之一。保研辅导员择优录取有学生干部经验的学生，在校从事为期两年的学生管理工作后可攻读硕士研究生。此类学生在研究生毕业后大多仍继续选择到高等院校相关部门工作。

北京林业大学园林学院学术活动（二）
北京林业大学园林学院供图

2020 北林国际建造大赛天津大学代表队作品
（一等奖）
胡一可供图

■植物方向毕业生从事高等院校科研工作情况

教育部已将开发科研助理岗位和实聘高校毕业生人数纳入高校"双一流"建设监测指标。在这一背景下，风景园林学科毕业生到高等院校就业并从事科研工作的人员比重呈上升趋势。风景园林学科植物方向毕业生从事实验实训工作（助理实验师—实验师—高级实验师）的人数占总人数的 3%，研究方向包括园林植物资源评价、育种、繁殖、栽培以及规划应用等，任职单位包括国家花卉工程技术研究中心、山东省林业科学研究院和北京市园林科学研究院等。

北京林业大学校园及园林学院
北京林业大学园林学院供图

哈佛大学
李晓炜供图

从风景园林专业本科毕业后，学生除了可以进入前述行业参加工作外，还可以选择继续深造学习。如果选择出国留学，风景园林专业毕业生可考虑的国家包括美国、英国、丹麦和新西兰等，这些国家的风景园林教育各具特色，有的侧重生态设计，有的侧重艺术理念。

美国风景园林本科学位之 BLA 与 BSLA ■

伊利诺伊大学厄巴纳－香槟分校
李晓炜供图

BLA（Bachelor of Landscape Architecture）属于我们通常所说的专业学位，其专业的课程设置旨在使学生所学知识能达到一名风景园林设计师所必须具有的内容储备量。一般情况下，学生需要经过五年的学习才能拿到 BLA，其中四年为课程学习，一年为实习。而 BSLA（Bachelor of Science in Landscape Architecture）虽然属于科学学位，但依然具有风景园林背景，受到 LAAB（The Landscape Architectural Accreditation Board，简称 LAAB，风景园林认证委员会）认证。与 BLA 相比，BSLA 所修的专业类课程会相对少一点，其优势是 BSLA 通常四年就可以获得。

美国风景园林硕士学位之 MLA 与 MSLA ■

克莱姆森大学
刘湃供图

作为风景园林的专业学位，MLA（Master of Landscape Architecture）一般需要学生完成三年的课程学习。如果学生在本科结束时已获得 BSLA 或者 BLA 的学位，就可以减免学分只修两年，同样能拿到 MLA 的文凭。

MSLA（Master of Science of Landscape Architecture）也大多需要两年的课程学习，与 BSLA 同样拿的是科学学位，也是风景园林背景，受到 LAAB 认证。

■ LAAB 认证

若想继续在风景园林方向深造并决定留学美国，在申请某校硕士研究生入学资格时一个比较重要的考量指标就是这个学校的风景园林硕士是不是 LAAB 的认证项目。这会对你未来能否在美国拿到专业的风景园林注册师 (LARE) 资格有比较大的影响，进而会影响到找工作的资格问题。首先，LAAB 是美国风景园林行业中决定各个学校的风景园林专业是否能达到专业性要求的机构。LAAB 的认证过程会根据每个院系的既定目标以及是否符合外部强制性最低标准来评估每个程序，并决定该项目是否能继续获得 LAAB 的认证。

■ 认证项目的优势

LAAB 认证项目的最大优势，就是以后在美国报考风景园林注册师时所必需的工作年限可以降低。美国不同的州对于 MLA、MSLA、BLA 和 BSLA 的看重程度不太一样，但总的来说，拿到 LAAB 认证的文凭会大大减少报考风景园林注册师之前需要的工作时间（必要工作年限）。以印第安纳州为例，如果你已经拿到了 LAAB 认证的项目文凭，则只需要三年的工作经验就可以开始参加风景园林注册师考试。但如果你所就读的学校并没有获得 LAAB 认证，那么你就得需要先工作八年的时间才能满足报考风景园林注册师的条件。

美国研究生学习的一大特色：浓厚的工作室氛围
黄伊伟供图

美国风景园林院系的专业特色■

　　美国的风景园林院系基本上都很有自己的特色，且其特色的形成与院系任教老师有很大的关系，比如美国马萨诸塞大学阿默斯特分校就因为有"绿道"概念的创建者 Julius Fabos 教授和"绿色基础设施"的开拓者 Jack Ahern 教授而拥有强大的生态分析和规划背景。当然，这并不代表你会学不到小尺度项目的设计手法或者规划区设计，但如果你能有针对性地选择学校，那么学校的强项和专业的研究方向会为你的日后工作提供更多资源。在选校之前，不妨先看一看各校的网页、师资力量介绍以及学院附属研究室的研究方向，比如弗吉尼亚大学拥有文化景观研究方向，宾夕法尼亚大学拥有麦克哈格生态研究中心，奥本大学拥有绿色基础设施研究室。

美国某校设计课学期末的评图环节
黄伊伟供图

休斯敦的雨洪和气候应对问题是很多德州学校
的研究对象
黄伊伟供图

丰富的知识■

　　专业所处的学院也是决定专业研究方向的重点考虑因素。美国大部分风景园林专业都有不同的附属情况，有的设置在艺术或建筑学院之下，有的在规划院系之下，有的在农学院之下，还有的在工程院系之下……设置在不同的院系之下会有相应的优势和不足，比如，如果你想研究都市农业，那么身处农院的普渡大学风景园林专业就会给你提供得天独厚的研究条件；而如果你还在犹豫是不是应该再修一个建筑双学位，那么选择建筑和风景园林同时并存的院校就会让你在文件申请上省掉不少麻烦。

密歇根大学安娜堡分校建筑学院
黄伊伟供图

不同的气候，植物也不尽相同
黄伊伟供图

第二十四章

风景园林行业的未来思考

　　场所精神象征着一种人与特定地方生动的生态关系。人从场所获得，并给场所添加了多方面的人文特征。无论是宏伟还是贫瘠的景观，若没有被赋予人类的爱、劳动和艺术，则不能全部展现其潜在的丰富内涵。

——勒内·迪博斯

星际穿越雕塑
安道设计供图

风景园林的未来思考 ■

与所有的建筑环境行业一样，风景园林学科的未来也在向着人性化和智能化的方向发展。不同于几十年前十分流行的极简主义思潮，未来的风景园林更着重从使用者的角度出发，探究如何营造最符合使用者需求的室外环境。

杭州东部湾总部
安道设计供图

人性化的园林 ■

"人性化"不是一个新名词，但却是风景园林行业一个永不过时的追求。风景园林行业所谓的"人性化"，即在尊重差异性的前提下，将空间与人的需求紧密结合，打造具有差异性、包容性和平等性的空间。如何在不同的尺度下打造人性化空间是未来的风景园林师需要持续思考的一个问题。

宁东新城商务中心
安道设计供图

无障碍园林 ■

无障碍园林不是简单的坡道加扶手，而是要保证所有进入此空间的人都可以没有负担地使用该空间。现在的风景园林已经在朝着这个方向努力，但在设计实践中，对于不同用户群体的无障碍设计水平依然有待提高。

■人工智能与园林

对人工智能一个较为普遍的理解就是让计算机通过学习来模拟人的行为，并完成以前只能由人胜任的工作。在风景园林行业，人工智能的应用表现在两个方面：一个是依托于机器学习的参数化设计，一个是智能化的园林，具体而言就是通过计算机的一系列运算对空间进行优化，从而提升使用者的空间感受。

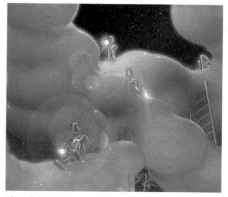

落地生根的云——"在云端"项目（一）
安道设计供图

■虚拟的园林

除了现实中的空间外，现代科技还触发了人类对虚拟现实空间的探索。风景园林未来的一个发展方向就是虚拟环境中的园林景观，这同样包括两个方面：在虚拟现实中设计和为虚拟现实空间而设计。未来的设计师可以在虚拟的空间中进行风景园林的设计研究；同样，虚拟的园林也可以是现实园林的一种替代。

落地生根的云——"在云端"项目（二）
安道设计供图

■天人合一的风景园林

无论科技如何发展、技术怎样革新，风景园林所追求的理想境界始终是天人合一，也就是空间与使用者的完美契合。人性化与智能化的设计也都是朝着这个方向推进的，这需要一代又一代风景园林人的不懈努力。

德清下渚湖风景区配套
安道设计供图

附 录

建筑篇 · 编写人员

唐建
大连理工大学教授
博士生导师

高德宏
大连理工大学教授

李国鹏
大连理工大学副教授
硕士生导师

段梦莹
大连理工大学
土木建筑设计研究院
工程师

孙蕾
大连理工大学讲师
工学博士

崔岩
大连理工大学
土木建筑设计研究院
工程师
一级注册建筑师

徐桂林
大连理工大学
土木建筑设计研究院
工程师

孙瑞
大连理工大学
硕士研究生

规划篇 · 编写人员

蔡军
大连理工大学教授
博士生导师

肖彦
大连理工大学讲师
硕士生导师

栾滨
大连理工大学讲师
教研室副主任

园林篇·编写人员

刘湃
大连理工大学建筑与艺术学院讲师
北京林业大学风景园林专业本科
美国克莱姆森大学
规划、设计与建筑环境博士

王扬
美国 Perkins & Will 建筑设计事务所
南京农业大学硕士学位
园林工程师、注册城市规划师
擅长城市生态、绿地系统规划类项目

王玲
上海交通大学设计学院
风景园林系副系主任
同济大学城市规划与设计博士
国家注册城乡规划师
美国康奈尔大学访问学者

陈丹
上海交通大学设计学院
风景园林系讲师
美国佛罗里达大学风景园林博士
先后就读于北京林业大学和同济大学
主持国家自然科学基金项目 1 项

李燕妮
北京林业大学园林学院
党委副书记、副院长、副教授
国家三级心理咨询师
北京优秀团干、优秀共产党员

李昊霖
北京林业大学园林学院
辅导员、团委干事
北京林业大学园林学院园林专业本科
园林学院新媒体中心秘书长

沈子茜
广州市城市规划勘测设计研究院
风景园林设计工程师
中国林业科学研究院风景园林硕士研究生
北京林业大学风景园林本科专业

季正嵘
上海合旅建筑规划设计有限公司
总经理
同济大学博士

阎凯
上海合旅建筑规划设计有限公司
副总经理
同济大学博士

黄冬蕾
上海合旅建筑规划设计有限公司
规划策划部副总监
北京林业大学园林学院
风景园林本科、硕士

黄伊伟
美国普渡大学风景园林助理教授
美国马萨诸塞大学阿默斯特分校
风景园林硕士
美国密西根大学城市设计硕士
美国加州戴维斯大学地理学博士

谢佳
安道设计集团助理产品总监
北京林业大学园林本科、城市规划硕士
获奖项目：2018 地产设计大奖金奖
2019 杭州建设工程西湖杯等多个奖项

彭腾
北京林业大学园林学院
在读硕士研究生
园林学院新媒体中心前秘书长
硕士研究方向为风景园林规划与设计

蒙倩彬
华南理工大学建筑设计研究院有限公司
风景园林工程师
北京林业大学风景园林
本科、硕士研究生

睢欣悦
北京林业大学风景园林专业本科
伊利诺伊大学厄巴纳 - 香槟分校硕士

管轶群
栖城设计董事合伙人、设计总监
中国老年学和老年医学标准化委员会
常务理事
中国工程建设标准化协会
养老服务设施委员会专家委员

后 记

这本《什么是建筑?》是一本较为广泛和要素化的读本,其内容涵盖面较大,旨在简要概述建筑大类专业的构成、特性及发展状况。本书能够在较短时间内得以完成,与各位参编专业教师及设计单位从业人员的辛勤努力是分不开的。将建筑大类三个学科的简单概述综合在一本书里来表达它们之间的构成与相互关系,这在业内是少有的尝试。三个学科虽然在很多高校里同属一个院系,相互之间的教学、科研和实践活动互相补充,关联协作,但对其以一个专业群体的方式来进行呈现,仍然难免挂一漏万,笔者在撰写时也甚感压力,谨慎从笔,以免误人。好在这只是一个尝试的开始,可以在未来的实践中进一步对其进行检验和修订完善。

本书的目标读者是高考结束后即将选报高校及专业的高中毕业生、高校大类招生后再次选报细分专业的大学生以及高校内跨学科重新转专业学习的学生。针对上述学生群体,如何能在较小的篇幅内容纳三个学科广沃的内涵,厘清三个学科的范畴、由来、发展、教学、实践和执业等诸多问题对笔者而言确实是一个挑战。我们衷心希望本书中所讲到的问题点能为大家在检索信息和延伸阅读以求充分了解相关专业时提供一条线索。

本书是在大连理工大学建筑与艺术学院唐建教授的组织下,以学院三名专业教师为主执笔编写的。建筑篇的编写以建筑系的高德宏、李国鹏和孙蕾为主,大连理工大学土木建筑设计研究院的建筑师崔岩、徐桂林和段梦莹也提供了部分文稿;规划篇的编写人员为城乡规划系的蔡军、栾滨和肖彦;风景园林篇的编写人员有环境设计专业的刘湃以及国内风景园林专业的多名高校教师及设计实践单位从业人员,包括北京林业大学刘尧、李燕妮、李昊霖、彭腾,上海交通大学设计学院王玲和陈丹,美国普渡大学黄伊伟,华南理工大学建筑设计研究院有限公司蒙倩彬,栖城设计管轶群,安道设计谢佳,美国 Perkins & Will 建筑设计事务所王扬,上海合旅建筑规划设计有限公司季正嵘、阎凯、黄冬蕾以及广州市城市规划勘测设计研究院沈子茜。版式设计及初始图文编排工作由段梦莹及大连理工大学硕士研究生孙瑞负责。在此,我们谨对短时间内高效工作的各位编写人员及业内提供各种支持的同仁深表谢意。

编 者

2021年8月

于大连理工大学

"走进大学"丛书拟出版书目

什么是水利？	张　弛	大连理工大学建设工程学部部长、教授
		教育部"长江学者"特聘教授
		国家杰出青年科学基金获得者

什么是化学工程？

	贺高红	大连理工大学化工学院教授
		教育部"长江学者"特聘教授
		国家杰出青年科学基金获得者
	李祥村	大连理工大学化工学院副教授

什么是地质？	殷长春	吉林大学地球探测科学与技术学院教授（作序）
	曾　勇	中国矿业大学资源与地球科学学院教授
		首届国家级普通高校教学名师
	刘志新	中国矿业大学资源与地球科学学院副院长、教授

| 什么是矿业？ | 万志军 | 中国矿业大学矿业工程学院副院长、教授 |
| | | 入选教育部"新世纪优秀人才支持计划" |

什么是纺织？	伏广伟	中国纺织工程学会理事长（作序）
	郑来久	大连工业大学纺织与材料工程学院二级教授
		中国纺织学术带头人

什么是轻工？	石　碧	中国工程院院士
		四川大学轻纺与食品学院教授（作序）
	平清伟	大连工业大学轻工与化学工程学院教授

什么是交通运输？

| | 赵胜川 | 大连理工大学交通运输学院教授 |
| | | 日本东京大学工学部 Fellow |

什么是海洋工程？

	柳淑学	大连理工大学水利工程学院研究员
		入选教育部"新世纪优秀人才支持计划"
	李金宣	大连理工大学水利工程学院副教授

什么是航空航天？

	万志强	北京航空航天大学航空科学与工程学院副院长、教授
		北京市青年教学名师
	杨　超	北京航空航天大学航空科学与工程学院教授
		入选教育部"新世纪优秀人才支持计划"
		北京市教学名师

什么是环境科学与工程？

　　　　陈景文　　大连理工大学环境学院教授

　　　　　　　　　教育部"长江学者"特聘教授

　　　　　　　　　国家杰出青年科学基金获得者

什么是生物医学工程？

　　　　万遂人　　东南大学生物科学与医学工程学院教授

　　　　　　　　　中国生物医学工程学会副理事长（作序）

　　　　邱天爽　　大连理工大学生物医学工程学院教授

　　　　　　　　　宝钢教育奖优秀教师奖获得者

　　　　刘　蓉　　大连理工大学生物医学工程学院副教授

　　　　齐莉萍　　大连理工大学生物医学工程学院副教授

什么是食品科学与工程？

　　　　朱蓓薇　　中国工程院院士

　　　　　　　　　大连工业大学食品学院教授

什么是建筑？　齐　康　　中国科学院院士

　　　　　　　　　东南大学建筑研究所所长、教授（作序）

　　　　唐　建　　大连理工大学建筑与艺术学院院长、教授

　　　　　　　　　国家一级注册建筑师

什么是生物工程？

　　　　贾凌云　　大连理工大学生物工程学院院长、教授

　　　　　　　　　入选教育部"新世纪优秀人才支持计划"

　　　　袁文杰　　大连理工大学生物工程学院副院长、副教授

什么是农学？　陈温福　　中国工程院院士

　　　　　　　　　沈阳农业大学农学院教授（作序）

　　　　于海秋　　沈阳农业大学农学院院长、教授

　　　　周宇飞　　沈阳农业大学农学院副教授

　　　　徐正进　　沈阳农业大学农学院教授

什么是医学？　任守双　　哈尔滨医科大学马克思主义学院教授

什么是数学？　李海涛　　山东师范大学数学与统计学院教授

　　　　赵国栋　　山东师范大学数学与统计学院副教授

什么是物理学？孙　平　　山东师范大学物理与电子科学学院教授

　　　　李　健　　山东师范大学物理与电子科学学院教授

什么是化学？	陶胜洋	大连理工大学化工学院副院长、教授
	王玉超	大连理工大学化工学院副教授
	张利静	大连理工大学化工学院副教授
什么是力学？	郭 旭	大连理工大学工程力学系主任、教授
		教育部"长江学者"特聘教授
		国家杰出青年科学基金获得者
	杨迪雄	大连理工大学工程力学系教授
	郑勇刚	大连理工大学工程力学系副主任、教授
什么是心理学？	李 焰	清华大学学生心理发展指导中心主任、教授（主审）
	于 晶	辽宁师范大学教授
什么是哲学？	林德宏	南京大学哲学系教授
		南京大学人文社会科学荣誉资深教授
	刘 鹏	南京大学哲学系副主任、副教授
什么是经济学？	原毅军	大连理工大学经济管理学院教授
什么是社会学？	张建明	中国人民大学党委原常务副书记、教授（作序）
	陈劲松	中国人民大学社会与人口学院教授
	仲婧然	中国人民大学社会与人口学院博士研究生
	陈含章	中国人民大学社会与人口学院硕士研究生
		全国心理咨询师（三级）、全国人力资源师（三级）
什么是民族学？	南文渊	大连民族大学东北少数民族研究院教授
什么是教育学？	孙阳春	大连理工大学高等教育研究院教授
	林 杰	大连理工大学高等教育研究院副教授
什么是新闻传播学？		
	陈力丹	中国人民大学新闻学院荣誉一级教授
		中国社会科学院高级职称评定委员
	陈俊妮	中国民族大学新闻与传播学院副教授
什么是管理学？	齐丽云	大连理工大学经济管理学院副教授
	汪克夷	大连理工大学经济管理学院教授
什么是艺术学？	陈晓春	中国传媒大学艺术研究院教授